钕铁硼无氧工艺理论与实践

谢宏祖　编著

北　京
冶　金　工　业　出　版　社
2022

内 容 提 要

本书收录了作者及合作者们没有发表过的几篇论文和一些回忆性文章。前几篇论文主要论述了钕铁硼生产工艺理论的两个基本公式及与其相关的工艺参数的物理意义，将复杂的工艺因素梳理成了四个简单明确、物理概念清楚、通过测量可以直接验证的工艺参数，使复杂纷乱的工艺过程条理化、定量化、易于掌握和管理。

本书可供从事稀土产业的科技人员、管理人员阅读，也可供高等院校相关专业的教师与学生参考。

图书在版编目（CIP）数据

钕铁硼无氧工艺理论与实践/谢宏祖编著 .—北京：冶金工业出版社，2018.1（2022.9 重印）

ISBN 978-7-5024-7686-1

Ⅰ.①钕… Ⅱ.①谢… Ⅲ.①钕铁硼—无氧—生产工艺 Ⅳ.①TM273

中国版本图书馆 CIP 数据核字（2017）第 310675 号

钕铁硼无氧工艺理论与实践

出版发行	冶金工业出版社	**电　　话**	(010)64027926
地　　址	北京市东城区嵩祝院北巷 39 号	**邮　　编**	100009
网　　址	www.mip1953.com	**电子信箱**	service@mip1953.com

责任编辑 戈 兰 美术编辑 彭子赫 版式设计 孙跃红

责任校对 石 静 责任印制 李玉山

北京建宏印刷有限公司印刷

2018 年 1 月第 1 版，2022 年 9 月第 3 次印刷

710mm×1000mm 1/16；7.25 印张；137 千字；103 页

定价 38.00 元

投稿电话 (010)64027932 投稿信箱 tougao@cnmip.com.cn

营销中心电话 (010)64044283

冶金工业出版社天猫旗舰店 yjgycbs.tmall.com

（本书如有印装质量问题，本社营销中心负责退换）

序

我很高兴为谢宏祖先生的科技专著《钕铁硼无氧工艺理论与实践》写这篇序言。我与谢先生是同在包头稀土研究院一起工作了三十多年的老同事，他的科技生涯我是比较了解的，他的工作内容我也是比较熟悉的，他在科技工作中取得的成绩和对中国稀土事业做出的贡献我更是比较清楚的。他是我国稀土界的知名专家，没有当过比专题组长再大的干部，却踏踏实实、辛辛苦苦地在实验室和工厂里工作了一辈子，至今还未完全离开工作岗位。扎实的理论和专业基础知识加上刻苦钻研的科学精神，造就了他的科学家的一生，一个有突出贡献的科学家，我要把一个完整的谢先生和他对我国稀土永磁材料产业发展做出的贡献介绍给读者，也是我作为谢先生三十多年同事的责任。

本书收录了谢先生工作中的主要论文、技术总结和部分回忆性的文章，主要介绍了他从事大半生的稀土永磁材料，特别是钕铁硼方面的研究和开发，其核心内容是由他首先提出并坚持的无氧工艺理论，长期的研究试验证明了这一理论的正确性，这就是《钕铁硼无氧工艺理论与实践》书名的来由。这本书篇幅不大，却凝聚了谢宏祖教授一生的心血，也是他工作一生实现梦想的总结，相信读者用很少的时间读完它会得到知识和启迪。

本书详细介绍和总结了谢宏祖的主要科研成果和对中国钕铁硼产业的贡献，主要有以下几个方面：首先是他以最快的速度在最短的时间内成功研发钕铁硼磁体。1983 年 10 月日本宣布一种新的“钕-铁磁体”问世，他回到实验室立即着手研制，他根据相图推断基本成分是钕铁硼，并确定其具体成分应在 $Nd_2Fe_{14}B$ 相的周围，工艺路线为粉末冶金。他还确定了这种新磁体的工艺关键技术是“高温快冷，退火返烧”工艺，他带领他的团队很快在实验室研发出来了这种新磁体，半年内把磁能积提高到了42MGOe，在当时是很高水平了，谢宏祖应是国内最早研发钕铁硼成功者之一。

钕铁硼的研制成功，冶金工业部军工办决定在包头稀土研究院建设国内第一条年产40t钕铁硼磁体中试生产线，主体设备从国外引进，谢宏祖是第一技术设计负责人，三台主体设备的工艺技术参数都是由他提出并与国外制造商研究确定的，1987年中试生产线建成投产，标志了中国钕铁硼产业的诞生。

谢宏祖没有停歇，他制定了下一个目标，赶超世界先进水平，他提出了无氧工艺新理念，要在实验中进一步得到验证，他在实验室设备密封技术上做了改进，经过不断的研究实验，1990年他在实验室创造了钕铁硼磁体性能52.2MGOe的世界最高纪录，超过日本公布的50.6MGOe，标志了中国钕铁硼技术的发展水平达到了国际先进水平。

科研是为了开发，实验室的技术要应用到工业生产中去，他对无氧工艺技术产业化充满了信心，他开始计划建设一条无氧工艺中试生产线，正在这个时候，1994年10月，著名物理学家丁肇中先生找到谢宏祖教授，丁先生有一个国际太空研究项目，希望中国参与，提供一批高性能钕铁硼磁体，组装一个强磁场仪，谢先生满怀信心地接受了，会谈当天就和丁先生签订了协议。48MGOe的高性能钕铁硼磁体，当时国内还不能生产，谢宏祖接下这一项目，在各方面的大力支持下，建设了一条无氧工艺中试线，硬是为丁先生提供了一批高性能磁体，完成了丁先生的心愿。同时，谢宏祖也实现了自己建设无氧工艺中试线的愿望，中试线高性能磁体的生产为无氧工艺产业化奠定了坚实的基础。

谢宏祖教授的梦想实现了，无氧工艺技术的产业化实现了我国高性能磁体的产业化进程。1998年，谢宏祖参加了一项由中国稀土学会组织的“高性能钕铁硼磁体产业化示范”项目的技术招标，他的“无氧工艺技术”中标了，虽然他已退休，但他并没有休息，一直在为这一天做准备，这一天终于来了，他成功了。烟台正海磁材公司承接这一建设项目，建设一条高性能钕铁硼磁体的全自动无氧工艺生产线，谢宏祖作为技术设计总负责人全身心投入了这一项目的建设，年产高性能磁体500t，经过三年的建设，2002年这条现代化的全自动钕铁硼无氧工艺生产示范线投产，磁体中的氧含量降到了0.01%~0.04%的水平，为世界领先。实现了50MGOe高性能钕铁硼磁体的产业化，标志着我国钕铁硼产业化技术进入世界先进行列，开启了中国高档钕铁硼产品出口的大门。无氧工艺生产示范线带动了国内一批新磁材工厂的建设，推动了我国钕铁硼产业的快速发展，2015年的我国钕铁硼产量占世界总产量的80%以上，出口量也是世界第一。

无氧工艺技术被证明是正确的和科学的，谢宏祖为中国钕铁硼产业的发展做出了重大的贡献，获得了国家发明专利，在学术上应该是自成一派，具有中国特色，是我国钕铁硼产业技术百花园中最鲜艳的一朵。

以上只是谢宏祖先生一生中几项主要工作业绩，更多的科技成果可参阅书中原文。谢宏祖获得国家科技进步奖一等奖1项，国家发明奖三等奖1项，获国家“七五”公关成果奖和多项其他奖。被授予国家有突出贡献的中青年专家，享受国务院政府特殊津贴，是一名具有真才实学、有科学建树、有重大贡献的稀土材料科学家。

谢宏祖具有中国科学家特有的品德，首先是爱国爱社会主义，在“文革”中他遭受到了严重的难以承受的“冲击”，但他说“这些并没有改变我对党和社会主义的信仰”，在一阵痛苦和忧伤后，他以更忘我的精神投入到科研工作中，由于他的这种为科学、为振兴中华的献身精神并做出了重大贡献，他被推选为第八届、第九届全国人大代表。其次是他的勤奋学习、刻苦钻研、拼命工作的精神，由于长期两地生活，他的全部时间都是在图书馆和实验室里度过的，他是当年院里有名的三大“书呆子”之一，他不迷信权威，敢于挑战，不迷信外国，敢于超越，不甘现状，勇于创新；他不但在实验室拼命工作，不计时间，他还会为科研条件拼命地去跑，决不能让自己的课题停下来，经费、设备、原材料这些本该是供应部门的事，有时不能及时到位，他就到处去跑，谁要真的影响了他的课题，他会同你拼命。再其次是他的实业科学家精神，他花了大量时间致力于把科研成果转化为生产力，创建新产业，把我国的稀土资源优势转变为经济优势，他始终坚持国家赋予稀土研究院的这一历史使命，所以他不是一个著书立说的科学家，而是一个真正的R&D科学家。他的贡献是对科学和中国稀土产业的贡献。最后是谢宏祖先生为人正派，性格耿直，真诚待人，处世泰然，科学严谨，科研是命，学识丰富，诲人不倦，研究、试验、下厂，南北弟子满堂，这就是我认识的谢宏祖先生。

本书不仅适合科技人员，也适合企业的管理人员，及公务员和高等学校的教师学生及其他对稀土和稀土材料有兴趣的人阅读，希望读者喜欢。

马鹏起

2017年8月

前　言

本书收录了作者及合作者们没有发表过的几篇论文和一些回忆性文章。前几篇论文主要论述了钕铁硼生产工艺理论的两个基本公式及与其相关的工艺参数的物理意义，将复杂的工艺因素梳理成了四个简单明确、物理概念清楚、通过测量可以直接验证的工艺参数，使复杂纷乱的工艺过程条理化、定量化、易于掌握和管理。几乎可以说，NdFeB 工艺的全部努力，就是力求使这四个工艺参数达到最优化。因此，这两个公式就是掌握钕铁硼工艺的“纲”，从这儿入手，整个钕铁硼工艺就一目了然。这几篇论文的结论对钕铁硼行业的从业者将有所裨益。

无氧工艺是本书作者和他的助手们对钕铁硼产业的重要贡献。无氧工艺——钕铁硼生产工艺过程的“无氧化处理”不仅是“理论上”的，而且也是被国内外的学界和产业界认可的“最理想的”钕铁硼生产工艺，但他们也断定“很难产业化”，以至于对它能否产业化一直持否定态度。因此，几乎无人再去研究它，这也就为我们提供了时间和机会。随着正海磁材“全自动无氧工艺生产线”的建成，含微量氧(0.02%~0.08%）的高品质钕铁硼磁体以工业规模进入市场，无氧工艺终于得到了世人的认可。技术无需保密。有鉴于此，本书收入了无氧工艺的理论依据、技术发展、技术技巧等以往未发表的文章。帮助从业者深入了解无氧工艺，提高生产水平。

书中《NdFeB 无氧生产新工艺》一文，第一次公开了我们在研发钕铁硼磁体时曾经采用过的技术，以及无氧工艺的基本思想，无氧工艺的发展过程。正是这些技术支持着我们取得世界先进水平的科研成果。20 世纪 80 年代，研发出磁能积 52.2MGOe 钕铁硼磁体，超过当时日本住友 50.6MGOe 世界水平。90 年代，解决了无氧工艺产业化的关键技术，为无氧工艺的产业化完成了理论和技术的准备。在这篇文章中还介绍了我们对钕铁硼矫顽力公式 $H_{cJ}=aH_A+n4\pi M_s$ 的直线性的实验研究。结果虽然是初步的，但是，是出人意料的，有趣的。这次公开我们的科研成果，是希望科研人员能进一步研究，以揭开矫顽力的机制及对其有影响的工艺因素，以寻求提高矫顽力和改善其温度特性的有效途径。回忆性文章中的《成长在包头稀土研究院》一文，以作者个人的亲身经历，讲述了中国的稀土事业如何在艰难困苦中，从无到有，发展壮大，走到世界前列，特别是稀土永磁，从第一代到第三代，我们在资金和设备都很差的情况下，已然解决了很多世界难题，创新了工艺，走在了世界前列。作者个人的经历，也是稀土永磁在中国的发展史的真实写照。编入本书的目的是，为研究中国科技史提供一些真实史料。

本书补写了《生产丁肇中教授 AMS 仪用材的回顾》。这是丁先生的一项国际研究项目，希望中国能够参与这一研究项目。这一项目对无氧工艺的产业化有重要的意义。这一项目得到了国家的重视和各方的关注。我还是要把这一项目的经过情况写了出来，回归历史。

另外，本书收入《对幅向取向 $SmCo_5$ 磁环收缩变形行为的理论分析》一文，该文虽然写于 20 世纪 70 年代，事关 Sm-Co，但该文的结论具有普适性，不仅适用于 $SmCo_5$ 这样的磁体，而且对今天的 NdFeB 磁体也有指导意义。

本书在包头稀土研究院领导的关心和支持下才得以出版。在此向包头稀土研究院领导表示真诚的谢意！

由于本书是由几篇零星文章的汇编而成，内容时有重复，请读者见谅。本人水平有限，不妥之处在所难免，望读者批评指正。

谢宏祖

2017 年 8 月

目　录

钕铁硼生产工艺的基本公式及工艺参数的定义 …… 1
影响工艺参数的工艺因素 …… 6
主相的体积分数 ω 的半经验公式推导 …… 20
NdFeB 无氧生产新工艺 …… 24
Mechanism of Irreversible Flux Loss of Nd-Fe-B Magnets …… 33
Nd-Fe-B Based Magnets with High Thermal Stability …… 40
强脉冲磁场在 NdFeB 生产中的应用 …… 46
用 SPD 法测量 Re(FeTm)B 系磁体的 H_a …… 57
无氧工艺的历史回顾 …… 64
无氧工艺技术发展的简明编年史 …… 69
无氧工艺命名的合理性 …… 71
专利：含微量氧的钕铁硼磁体及其生产方法 …… 73
对幅向取向 $SmCo_5$ 磁环收缩变形行为的理论分析 …… 78
生产丁肇中教授 AMS 仪用材的回顾 …… 81
对稀土永磁事业的贡献 …… 88
成长在包头稀土研究院 …… 95
作者简介 …… 102

钕铁硼生产工艺的基本公式及工艺参数的定义

让我们首先讨论钕铁硼生产工艺的第一个基本公式——NdFeB 磁体的剩磁 B_r 和主相的饱和磁化强度 $4\pi M_s^0$ 之间的关系，这里通常流行的关系式为：

$$B_r \propto AP\omega \cdot 4\pi M_s^0$$

这里的三个工艺参数 A、P 和 ω，就是大家熟知的取向度 A，磁体的密实度 P，和主相的体积分数 ω。这是一个被大家经常使用的关系式，但它不是一个等式。因此，B_r 和 $4\pi M_s^0$ 之间不是定量关系。在实际使用中不能进行定量计算，其原因就在取向度 A 的定义。取向度 A 被简单的定义成，单个粉末颗粒的易磁化轴（c 轴），在外磁场（H）的作用下，在 H 方向排列的程度。因为，每个颗粒的磁极强度 $V_i 4\pi M_s^0$，对磁体在 H 方向的磁极强度的贡献就是：

$$V_i 4\pi M_s^0 \cos\theta_i$$

这里的 θ_i 就是取向场 H 的方向和粉末颗粒易磁化轴 c 轴方向之间的夹角。V_i 是单个粉末颗粒的体积。将上式对所有的下角符 i 求和，并除以粉末颗粒的总体积 $\sum_i V_i$，我们就得到主相的粉体颗粒在磁场方向的总磁化强度，即磁体在 H 方向的磁化强度：

$$\left(\sum_i V_i \cos\theta_i\right) 4\pi M_s^0 / \sum_i V_i$$

还可改写成：
$$\left(\frac{\sum_i V_i \cos\theta_i}{\sum_i V_i}\right) 4\pi M_s^0 = A' 4\pi M_s^0$$

这里的因子
$$A' = \left(\frac{\sum_i V_i \cos\theta_i}{\sum_i V_i}\right)$$

可以称为取向度。

显然，当 $\theta_i = 0$ 时，c 轴与外场 H 的方向平行，单个颗粒对磁体 $4\pi M$ 的贡献最大。当所有的 θ_i 角都等于零时，所有的 c 轴都平行于 H，$A' = 1$。当通过成型时的挤压、烧结等工序后，这一状态被固定。我们就可以获得最大的剩磁：

$$B_r = 4\pi M_s^0$$

因为此时的 $A' = 1$。求和只对主相的颗粒进行，P 和 ω 自然都等于 1。

由于挤压过程的应力，粉末颗粒的相互作用和流动，烧结过程中的相变、收缩等因素的共同作用。这样的 θ_i 均匀分布的理想状态，实际上不可能出现，但可以接近，例如等静压。正是由于对取向度的计算过程的理想化和简单化，在实际操作中无法使用。所以 B_r 和 $4\pi M_s^0$ 之间只能是一个关系式，不是等式。

与此不同，德国的 VAC 公司将取向度 A 定义为：

$$A = f_\varphi = \cos\varphi,\ \varphi = \arctan\left(2\frac{J_{r\perp}}{J_r}\right)$$

这里 J 表示磁极化强度。剩磁 B_r 和饱和磁化强度 $4\pi M_s^0$ 的关系式改写成：

$$J_r(20℃) = J_s(20℃)\frac{\rho}{\rho_0}(1 - V_{nonmag})f_\varphi$$

式中 $J_r(20℃)$——室温下的剩余磁极化强度；

$J_s(20℃)$——磁体主相 $(Nd,R)_2(Fe,Tm)_{14}B$ 的饱和磁极化强度；

$\frac{\rho}{\rho_0} = P$——磁体的相对密度；

$(1 - V_{nonmag}) = \omega$——磁体中主相的体积分数；

f_φ——磁体的取向度。

这是一个可以直接测量和计算的等式。

从以上的各定义中，不难看出，通过对各项物理量的直接测量，该公式可以进行定量计算。但在实际上，由于计算取向度 $f_\varphi = \cos\varphi$ 时，假定了粉末颗粒的 c 轴对取向场 H 的分布不仅是轴对称的，而且是均匀分布的。因此，该公式对等静压的磁体有较好的计算结果，对横向压的磁体，不同方向的 $J_{r\perp}$ 会有不同值，也就是说，磁体会有几个不同的取向度。VAC 提出的这个公式，同样不太好用。

以上两个公式在计算取向度时，都有一个共同特点，都认为，当磁体从饱和状态向外磁场为零的剩磁状态过渡时，磁体内只发生磁畴的转动过程，而忘了这时，可能还会有反相畴的成核长大、畴壁的移动、表面效应等物理过程出现。因此，他们的公式和计算都有局限性。

注意到这一点，作者在包头稀土研究院工作时，推荐了另外一个公式。

首先，定义取向度 A 为：

$$A = B_r/4\pi M_s$$

式中，B_r 是磁体的剩磁，$4\pi M_s$ 是磁体的饱和磁化强度，它和主相的饱和磁化强度 $4\pi M_s^0$ 的关系是：

$$4\pi M_s = P\omega 4\pi M_s^0$$

从这些关系出发，我们立刻可以得到下式：

$$B_r = A4\pi M_s = AP\omega 4\pi M_s^0$$

这就是我们提出的可以通过直接测量，并可进行定量计算的磁体的剩磁 B_r

和磁体主相的饱和磁化强度 $4\pi M_s^0$ 之间的关系式。和其他公式的不同，其实，就在取向度的定义上。从取向度 $A=B_r/4\pi M_s$ 的定义出发，我们可得到下式：

$$\delta = 1 - A = (4\pi M_s - B_r)/4\pi M_s = \Delta/4\pi M_s$$

式中，$\Delta=4\pi M_s-B_r$，正是磁体从饱和磁化状态过渡到剩磁状态后，磁体的磁化强度 $4\pi M$ 减少的量，$\delta=1-A$ 正是其减少的百分数，下降的程度。

一般来讲，取向场 H 提高，剩磁 B_r 也随之提高，按定义，A 的数值也会增加，这当然与粉末颗粒的 c 轴在 H 方向的排列程度变好有关，因此 A 仍保持着“取向度”的本意。本定义的好处是，只重视取向的结果，而不涉及具体细节，避开了不必要的麻烦。除此之外，本定义还很自然地计及了磁体内部的反向畴、反磁化核的存在、表面效应等使剩磁 B_r 的大小发生变化的因素，因而也是使取向度 A 的大小发生变化的因素。所以，在我们推荐的定义中由三部分组成，即：

$$A = A_H + A_V + A_S$$

式中 A_H——与磁场取向有关的部分，取值范围：$0 \leqslant A_H \leqslant 1$；

A_V——与磁体内部的非磁性相、裂纹、孔洞等相关的退磁场引起的反磁化畴，充磁场不够时的残余反向畴，低矫顽力区等有关联的剩磁损失，取值范围：$A_V \leqslant 0$；

A_S——与表面效应有关的剩磁损失，取值范围：$A_S \leqslant 0$。

后两项一般很小，但也有很大的时候，例如，样品过烧，氧含量过高时的情况就是如此。对一个粒度均匀，化学成分均匀，氧含量和其他杂质很低的，经过“后烧”去掉表面效应的 NdFeB 样品，A_V 和 A_S 几乎为零。此时，$A \approx A_H = B_r/4\pi M_s$。用一个脉宽 13ms，峰值 10T 的强脉冲磁场，对一个热退磁状态的 NdFeB 样品进行磁性测量时，我们一次就能得到剩磁 B_r 和 $4\pi M_s$ 的值以及取向度 A 的值。对一个生产线来讲，当取向场大小和取向方法确定后，它能达到的取向度 A 基本也就确定了。可以说，一条生产线，有一个取向度值。其实，生产线的设计，其中任务之一，就是对取向度的设计。掌握了这个值，就可以对生产品质进行产后分析，进行质量管理。

例如：采取直流取向场 H 约为 2T，横向压时，一般取向度 A 为 0.95~0.97，对场强 4T 以上的强脉冲磁场，等静压时，一般取向度 A 为 0.97~0.99。生产正常时，产品的取向度基本上与这些值不会有太大偏离。

在用公式 $B_r=AP\omega 4\pi M_s^0$ 进行具体计算时，A 和 P 是一个与成分关系不大的因数，对一个生产线来说，它们可以说是两个常数，唯有化学成分在不断变化。所以，在进行新磁体的事先设计时，就要事先知道主相的体积分数 ω，和主相的饱和磁化强度 $4\pi M_s^0$。在事先设计磁体的情况下，VAC 提供的 $\omega=(1-V_{nonmag})$ 是无法使用的。为了解决这一问题，作者提供了一个计算方法和半经验公式 $\omega=(1+\alpha)x_0/x$。式中，$x_0=26.7$，x 是以 Nd 为主的 R 含量（磁体的稀土含量），最终可通过化学分析确定。关于 α 的取值，我们要注意的是：当 $x\to x_0$ 时，$\alpha\to 0$，$\omega\to 1$。α 的值随 x 变化，不能用计算直接得出，只能通过一个具体实例，确定与其成分相应的一个 α 值，对其定标，这也就是该公式只能是个半经验公式的原因。由于其变化量被限制在百分之几的范围内，α 和 x 的关系可看成是线性关系，只要用一个纯 NdFeB 样品的 $4\pi M_s$ 实测值及关系式

$$4\pi M_s = P\omega 4\pi M_s^0,\ 4\pi M_s^0 = 16.1\text{kGs}$$

计算出其中一个 α 值定标，此后，其余 $\alpha(x)$ 值就可用内插法求出。例如，对成分为 $Nd_{29.03}B_{0.97}Fe_{70}$ 磁体，它的 $4\pi M_s$ 的实测结果为 15.41kGs，由上式计算得的 $\alpha(29.03)=0.04$。有了这一实测值定标之后，今后对其他 α 值，我们就可用内插法计算出来了。以后，只要有了化学成分 x 的值，磁体主相的体积分数就可用 $\omega=(1+\alpha)x_0/x$ 进行计算了。

到此为止，在 $B_r=AP\omega 4\pi M_s^0$ 的关系式中，三个工艺参数 A、P 和 ω 都可通过测量或计算得到。B_r 和 $4\pi M_s^0$ 之间就有了可实用的定量关系。

最后，需要指出的是关于 $4\pi M_s^0$ 的取值问题。对纯 NdFeB 磁体，它的主相为 $Nd_2Fe_{14}B$ 相，其 $4\pi M_s^0=16.1\text{kGs}$，随着合金元素的加入，其主相的成分发生变化，一般化学式为 $(Nd,Re)_2(Fe,Tm)_{14}B$，因此，其 $4\pi M_s^0$ 的值不再是 16.1kGs，而是随合金元素的不同和加入量的不同而不同。其具体值可根据已有资料进行估算。

下边我们讨论钕铁硼生产工艺的第二个基本公式——磁体的实测磁能积 $(BH)_{max}$ 和理论磁能积 $B_r^2/4$ 的关系。这两个量都与退磁曲线有关。因此，它的物理基础就是反磁化过程的物理图像。对 NdFeB 而言，已有的研究表明，它的反磁化有点类似于单畴颗粒的反磁化，成核场 H_n 起主要作用。但是，仍不能忘记此时已然存在其他类型的成核和长大过程。正是这些成核场和发动场的分布和大小决定了退磁曲线的形状。当所有的成核场 H_n 或发动场 H_p 都相等时，磁体的矫顽力 $H_{cJ}=H_n(H_p)$，在退磁场 $H_d<H_n(H_p)=H_{cJ}$ 的范围内，$4\pi M(H)=B_r$，磁体的退磁曲线是一条水平线。B 退磁曲线是一条与 B 轴成 45°角的斜直线，这时只要 $H_{cJ}\geqslant\frac{1}{2}B_r$，磁能积 $(BH)_{max}=\frac{1}{4}B_r^2$，即等于理论磁能积。一般情况下退磁曲线不是直线，$(BH)_{max}<\frac{1}{4}B_r^2$，对 NdFeB 磁体，VAC 公司提出了一个关系式：

$$(BH)_{max}=\frac{1}{4}\frac{J_r^2}{\mu_0\mu_{rev}}$$

当我们假定退磁曲线为一直线时，可以立即计算出上式。但实际情况是退磁曲线并不完全为直线，其上的小回线仍然是不可逆的。为此，我们建议采取另一公式：

$$(BH)_{\max} = \alpha \frac{B_r^2}{4}, \quad 0 < \alpha \leqslant 1$$

此处，α 是一个与工艺因素有关的工艺参数，通常称其为“凸出度”。当 B 退磁曲线和 B 轴是 45°夹角的直线时，$\alpha=1$，即磁能积等于理论磁能积。若夹角非 45°，$\alpha=1/\mu_r$，和 VAC 公式相同。在生产实践中，控制工艺因素，达到粒度均匀，成分均匀，取向度良好并消除了表面效应，我们可以使 α 达到 0.97~0.99 的水平，相应的 μ_r 达到 1.01~1.03 的水平。

从前面的分析中，我们不难看出，在 NdFeB 生产工艺的两个基本公式中，只有取向度 A 和凸出度 α 分别与磁体在减磁过程和退磁过程中的磁畴反转，成核长大和畴壁移动等物理过程有关。主相的体积分数 ω 的大小取决于化学成分和冶炼工艺，比较单一。复杂的工艺问题被简化到两个工艺参数上，极大地方便了工艺的研究。在下文中，我们将专门论述影响各工艺参数的工艺因素，以期获得接近理论的退磁曲线，生产出最好的 NdFeB 磁体。

影响工艺参数的工艺因素

2014 年 4 月

我们在钕铁硼生产工艺的两个公式中，引进了四个工艺参数，即取向度 A、密实度 P、主相的体积分数 ω 和凸出度 α。使磁体的剩磁 B_r 和磁体的磁能积 $(BH)_{max}$ 与磁性材料的内禀磁特性之一，即主相的饱和磁化强度 $4\pi M_s^0$ 之间有了定量关系，即：$B_r = AP\omega 4\pi M_s^0$，$(BH)_{max} = \alpha B_r^2/4$。此外，在磁体的主相的体积分数 ω 和磁体的稀土含量 x（质量分数）之间建立了一个半经验公式 $\omega = (1 + \alpha) \cdot x_0/x$。这样所有的四个工艺参数都可以通过直接测量得到，因而磁体的磁特性除矫顽力之外都可以用 $4\pi M_s^0$ 计算出来。我们还指出取向度 A 和凸出度 α 的大小反映的正是减磁曲线和退磁曲线向理论曲线接近的程度，而这正与减磁过程和退磁过程中的磁畴转动，反向畴的扩张，成核场的大小、分布、表面效应等物理因素有关，因此，对影响它们的工艺因素的研究几乎就是工艺研究的全部，所以，这两个工艺参数的引进将大大地方便了对产品质量的分析，也点明了提高产品质量的工艺方向。使 Nd-Fe-B 磁体的生产由难变易。为了更进一步认识这四个工艺参数和在工艺过程中如何获取其最大值，我们下边将详细研究影响每一个工艺参数的工艺因素。

1 影响取向度 A 的工艺因素

首先，让我们研究一下影响取向度 A 的工艺因素，按定义，取向度 A 是磁体的剩余磁化强度 B_r 与该磁体的饱和磁化强度 $4\pi M_s$ 的比值，$A = B_r/4\pi M_s$。所以，A 是可以通过磁性测量直接得到的。通过它可以控制工艺过程，稳定工艺并提高产品性能。从它的定义我们知道数值（$1-A$）就是当磁体被某一外磁化场（H_m）磁化到磁饱和值（$4\pi M_s$）后再降低外磁化场到零时，磁体的磁化强度下降到剩磁（B_r）这一过程中磁化强度减少的部分，也就是在减磁过程中，磁体被反磁化的那部分的数值（百分数）。所以 A 的值只能是 $\leqslant 1$。（图 1、图 2）。从技术磁化的角度讲，在这一物理过程中即有磁畴的转动过程，虽然是主要过程，但也不能忽视磁体中存在的一些反磁化核的形成长大以及充磁时没有消除的反向畴的重新扩张这两个过程。此外还要特别指出的是样品表面的状态对这两个过程的存在和大小有着重大影响，这是由于在进行磁测量时往往要将磁体经机械加工制成圆柱形或方柱形的样品，经机械加工后磁体表面产生很多微裂纹、残余应力以及氧化点，它们提供了新的成核点和反磁化核以及局部退磁场。若不进行热处理消除机械力引起的裂纹，应力和表面氧化等造成的反磁化区域及区部退磁场，那么由于它们的存在将使测得的剩磁比“真实值”要低。而且直接测量得到的磁能积和可逆磁导率也都比“真实值”低很多。样品越小，表面的影响越大。对 NdFeB 磁体而言，这个由表面加工引起的退磁效应（表面效应）表现得更为突出。非常明显，对剩磁和磁能积的测量结果应响很大，在 NdFeB 的研究之初的几年内，很多人并不清楚其原因，没能够很快解决（包括日本住友在内的国内外同行），这一点可从他们当时发表的论文及磁体退磁曲线得到证明（在 B_r 附近出现的从第一象限开始的曲线突然下降（一个很大的下行“巴克豪森跳跃”），如图 1 和图 2 所示）。图 1 及图 2 的测量样品为作者在正海磁材时的样品，测量方法为该厂的 13ms 强脉冲测量装置，样品为 $\phi3\times8$ 的圆柱体。图 1 为低矫顽力磁体，图 2 为高矫顽力磁体。图 1 由起始磁化曲线、减磁曲线（磁滞回线的第一象限部分）、退磁曲线（磁滞回线的第二象限部分）、磁滞回线第三象限部分（反向充磁和减磁）组成。B_r 附近的大“巴克豪森跳跃”，起点 $H_n>0$。图 2 为高矫顽力样品，B_r 附近的大“巴克豪森跳跃”，起点 $H_n<0$。包头稀土研究院的 NdFeB 研究组，在研究 NdFeB 之初，就发现了这一问题，并指出其根源，称其为表面效应，同时发明了一种后烧工艺，用在高温下的再处理消除裂纹和氧化，解决了这一问题。这一“后烧”方法在后来的工艺发展中，特别是对加工后小尺寸产品性能的恢复上被广泛应用。总之，在研究影响取向度 A 的工艺因素时，除要考虑与外磁场取向有关的工艺因素外还要考虑到那些引起反向畴和反磁化核形成的因素，包括测量方法和样品的制备方法等。下边我们就分别研究影响取向度 A 的这些工艺因素及其正确的测量方法。

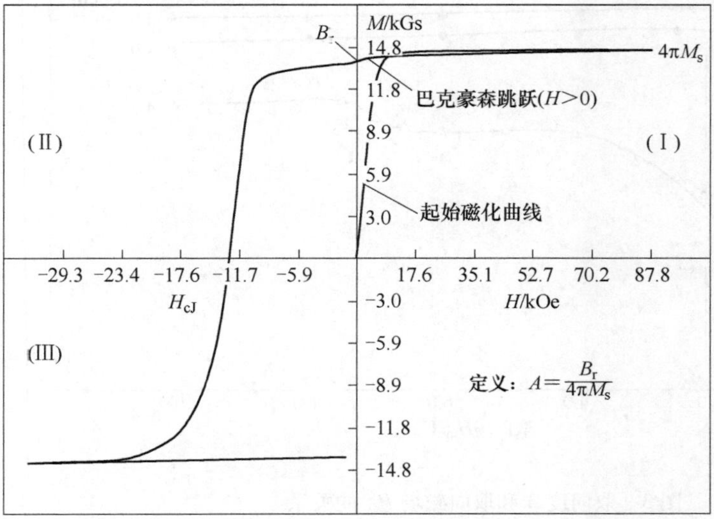

No:	142	
Samp:	58A62S15	
D_{ens}:	7.6	g/cm³
T_{emp}:	18	℃
H_m:	87.76	kOe
H_{cB}:	10.79	kOe
	859.42	kA/m
H_{cJ}:	12.77	kOe
	1016.2	kA/m
(BH)m:	43.96	MGOe
	349.87	kJ/m³
B_d:	6.538	kGs
	0.654	T
H_d:	6.724	kOe
	535.12	kA/m
$4\pi M_s$:	14.80	kGs
	1.481	T
$4\pi M_r$:	13.90	kGs
	1.391	T

图 1　低矫顽力磁体磁化曲线

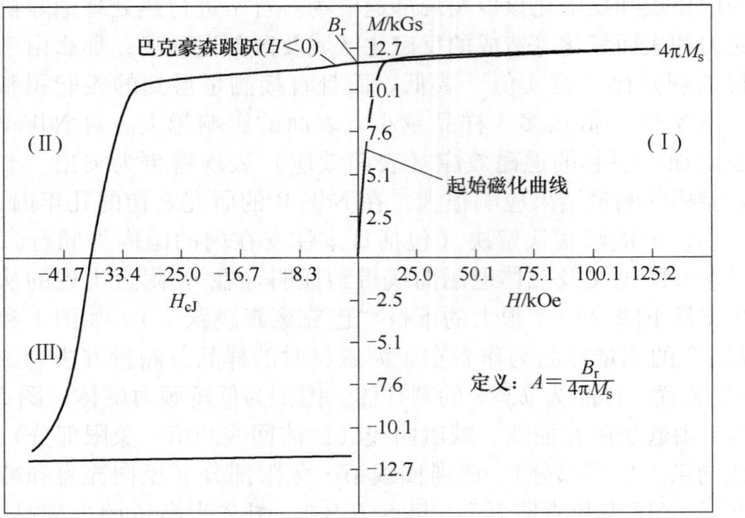

No:	186	
Samp:	C261H8	
D_{ens}:	7.6	g/cm³
T_{emp}:	18	℃
H_m:	125.1	kOe
H_{cB}:	11.06	kOe
	880.26	kA/m
H_{cJ}:	37.93	kOe
	3018.5	kA/m
$(BH)_m$:	33.05	MGOe
	263.07	kJ/m³
B_d:	5.812	kGs
	0.581	T
H_d:	5.687	kOe
	452.61	kA/m
$4\pi M_s$:	12.68	kGs
	1.268	T
$4\pi M_r$:	11.74	kGs
	1.175	T

图 2　高矫顽力磁体磁化曲线

1.1　取向磁场 H_m 大小的选择

取向场 H_m 的大小是影响取向度 A 的主要因素，图 3 给出了一个 $SmCo_5$ 磁体

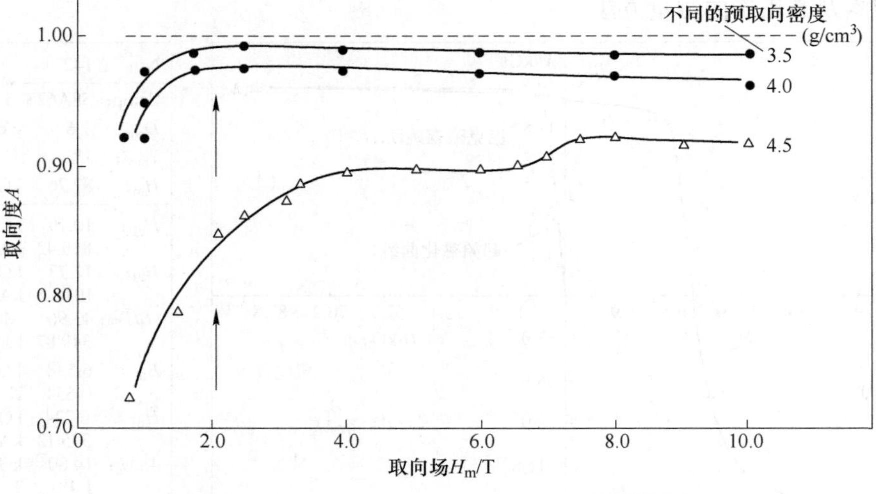

图 3　取向度 A 和取向磁场 H_m 的关系

（资料来自于 D. L. Martin and M. G. Benz，MMM 1992，980）

的取向度 A 与取向场 H_m 的关系曲线，从图中可以明显地看到，当 $H_m>2T$ 以后，若继续提高 H_m 的值时，取向度 A 的增加很小很不明显，对提高剩磁和磁能积已没有实际意义。外磁场过大时，由于产生磁畴转动，反而使取向度下降。这个对 $SmCo_5$ 磁体的规律与结论也适用于 NdFeB 磁体。究竟多大的 H_m 值合适，没有唯一的标准，但至少要大于单个粉末所处地的局部场强 H_i 以及粉末之间的相互阻力，达到每个粉末颗粒都能受到一个沿着取向方向的取向力，并在取向方向上排列。实践表明，对 NdFeB 磁体而言，H_m 应不小于 2T。

1.2 取向场的均匀性及其他

被取向的整个粉体应处于取向场的均匀区内，$\Delta H/H<1\%$。通常，取向场采用直流磁场，但也有人采用振幅递减至零的强脉冲磁场，由于涡流的关系，后者最适合用于橡皮模成型的场合。此外，还有取向场与成型压力之间的夹角问题，即通常所说的等静压、平行压和垂直压等。等静压给出的取向度最高，为 0.97~0.99，平行压次之，为 0.95~0.97，垂直压最差，约 0.9 左右。

1.3 粉末粒度的问题

首先要保证的是每个粉末颗粒是一个单晶，即只具有一个易磁化方向。只有这样每一个粉末颗粒才会受到最大的磁场力矩，所有粉末的易磁化轴沿外场方向排列。正因为如此，工艺上就要求合金铸锭的主相晶粒尺寸不能小于粉末颗粒的尺寸。冶炼和磨粉这两个工艺就不能各干各的，要互相照应。用了 strip casting 合金片后很多生产厂家发生了“水土不服”的问题，就是这个原因。第二，粉末粒度不能太大也不能太小，由于外磁场对粉末的力矩与粉末的体积成正比，小颗粒受到的取向力小，再加上粉末的流动性也变差，因此，细粉不易取向。但粗粉不易获得单轴性，取向性也不好。对 NdFeB 而言，粉末的最大尺寸不应大于 15μm。图 4 给出了一个典型的粒度分布曲线。

1.4 粉末的形状，松装比对取向度 *A* 的影响

若粉末形状接近圆形，比较光滑，没有尖棱尖角，这样就可以减少粉末颗粒间的相互的阻力，增加流动性，有利于提高取向度 A，和滚磨相比气流磨容易获得这样的粒度及其分布。松装比对取向度 A 的影响也很大，松状粉末容易形成粉末间的“搭桥”现象，造成粉末体内出现大大小小的空洞，取向成型过程中容易造成局部取向度的变坏。合适的松装比以及取向成型前消除粉体内已形成的“桥”是工艺过程中必不可少的一步，好的压机都带有这样的附件及相应的成型程序。这样不仅提高了取向度，而且使最终磁体的均匀性也会变好。

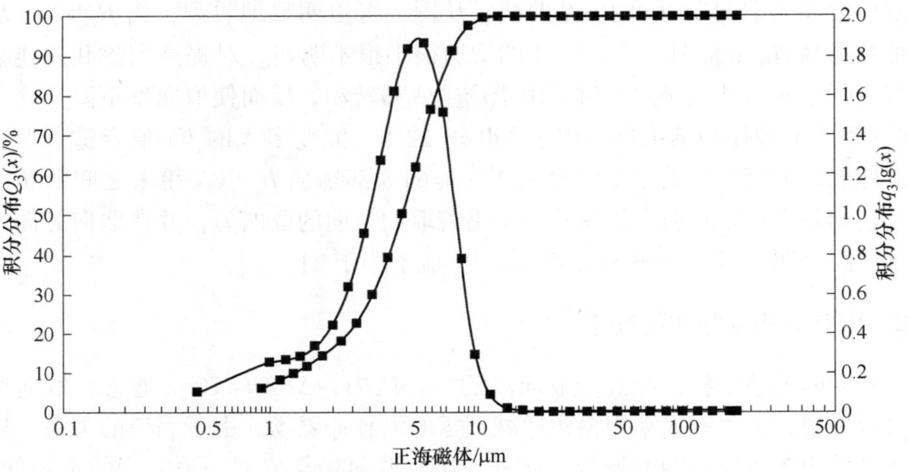

图 4　ZHmag 粉末的粒度分布曲线
（$X_{max}=5.5\mu m$，$1.5<X<10\mu m$，87%颗粒细小，分布均匀、尖锐）

1.5　模具壁和粉末在加压成型时存在巨大的摩擦力的问题

这将使临近模具壁的粉末受到一个和成型压力反向的力，这使处在模具中心的粉末和边沿处的粉末在流动上不同步，因而引起不同位置的粉末取向发生变化，破坏了磁体取向度的均匀性。这种摩擦力在模具的材质有剩磁时由于粉末和模具壁的磁性吸力将更加严重。在某种程度上也使取向度下降。为了减少这种阻力，在设计取向磁场时极间距应大于模具腔的尺寸。例如当模具腔在取向场方向的尺寸为 50mm 时，极间距最好选 200mm。

1.6　在第一象限反向畴的存在主要与充磁场不够高有关

选择足够高的充磁磁场是必须的。至少要达到“技术饱和”的程度。“技术饱和”的程度越高反向畴存在的数量越少。对 NdFeB 而言，充磁场应大于 8T（$\geqslant H_a$）。这样不仅可以获得准确的剩磁 B_r，而且给出了准确的 H_{cJ}数值。一个永磁材料的剩磁 B_r 和内禀矫顽力 H_{cJ}是指最大磁滞回线上的这两个值。要得到最大磁滞回线就必须有足够大的充磁磁场，保证在磁体内没有反向畴存在。

1.7　关于在第一及第二象限“低矫顽力区”出现的问题（图 1 及图 2）

人们在测量 NdFeB 磁体的退磁曲线时经常碰到这样一个现象，在 B_r 附近的第一象限，充磁场 H（>0）还有数百奥斯特（Oe）时减磁曲线突然下降，形成一个很大的台阶。一个很大的下行“巴克豪森跳跃”。关于它的解释，我们已经指出它是一个由机加工引起的“表面效应”，其物理实质为，制样时机械应力在磁体表面造成大量裂纹、氧化物等，在其后充磁时这些地方就产生局部退磁场（$-H_d$），当在第一象限时，当 $H_d>H>0$，而且，$-H_d+H<0$ 时，恰好在某一 H 值时下列关系成立：$-H_d+H=-H_n$。这样在裂纹及氧化物处就产生出反磁化区，出现一个大的下行巴克豪森跳跃。因 $H>0$，这个跳跃出现在第一象限，这就是实际看到的现象。对高矫顽力的 NdFeB 磁体，往往 $H_d<H_n$，这时只有当外磁化场 H 为某一个负值（$-H$）时才有$(-H_d)+(-H)=-H_n$ 成立。一个大的巴克豪森跳跃出现在 B_r 附近的退磁曲线上，即在第二象限出现，这在实际测量的退磁曲线上也已看到了。为了准确的得到剩磁 B_r、磁能积（BH）$_{max}$、可逆磁导率 μ_r 的数值以及取向度 A 的数值，对用于磁测量的样品必须事先进行一次“后烧”处理。以消除“表面效应”引起的测量结果的不可靠性。

1.8 磁体的均匀性问题

除表面效应以外，我们还应该考虑到在磁体内部由于粒度的不均匀性，化学成分的不均匀性，过烧引起的晶粒反常长大，杂质及其他低矫顽力相等引起的反向畴和低矫顽力区的存在。提高磁体的如前边列举的几方面的均匀性，我们就有可能实际获得一个接近矩形的退磁曲线。这时磁体内各点的成核场 H_n（或发动场 H_p）的分布曲线呈尖锐状，很窄。在理论上该曲线可呈 δ 函数状，即所有各点的 H_n（或 H_p）相同，$H_n=H_{cJ}$ 即磁体的矫顽力，退磁曲线呈矩形状。取向度 $A=1$，可逆磁导率也将等于 1。

1.9 合适的烧结工艺

对一定成分的磁体，烧结温度的高低和制度的选取应考虑到粒度的大小及分布。这也是提高取向度 A 的重要工艺因素及手段。大颗粒的烧结温度偏高，而小颗粒的温度偏低。因此，提高粉末的均匀性，就有利于提高方形度。在烧结工艺上可采用两段烧结的方法，先在较低的温度下进行一次烧结，此时的直观表现是密实度上不去，然后再提高温度 10～20℃，进行第二次烧结，基本上就可达到目的。

在影响取向度 A 的诸多工艺因素中唯有产生取向场的装置（直流电磁铁或脉冲磁场），都要在生产线建设时设计和安装固定，此后很难变动。而其他工艺因素是在工艺过程中可随时调整的。因而在生产线建设时必须事先确定好取向场的大小和相关的装置。因此可以说一个生产线的取向度在建线时就已确定了。2T 的直流取向场加垂直压，取向度 A 在 0.95 左右，强脉冲磁场加橡皮模等静压可达到 0.98 左右。

2　影响主相体积分数 ω 的工艺因素

其次，我们研究一下影响主相体积分数 ω 的工艺因素。为了在实际上获得高的磁能积，人们希望主相在磁体中的比例尽可能高，也就是说 ω 尽可能接近于1。但在实际工作中，为了获得有用的磁体，人们不得不在磁体的成分配比中增加稀土 R 含量和其他过渡族元素及类金属元素。在生产过程中富稀土相（R-rich）的氧化，碳化及氮化迫使人们进一步增加成分配比中的稀土 R 的含量。合金在浇铸过程中形成的 α-Fe 相，富 B 相和 R_2Fe_{17} 相等都将使主相的体积分数 ω 减少。为了提高主相的体积分数 ω，目前在工艺上采取的措施如下。

2.1　原材料中的杂质（碳，氮）控制

现在的稀土原材料带进磁体的碳含量约百分之零点零几。所以碳的影响可以不再考虑。同样氮在磁体中的含量也只有百分之零点零几，所以氮的影响也可以不再考虑。

2.2　氧的作用与控制

在整个工艺过程中，从原材料开始，到最终的磁体，大气中的氧随时随地都有可能被吸附在表面上，然后以内氧化的方式进入磁体内部，几乎防不胜防，这一点和其他合金元素与杂质不同，不是被添加进去的，而是不知不觉中被吸进去的，表面积越大吸入越多。因此，与表面积大小成正比。所以，制粉过程就是氧进入磁体的主要工艺部分。在此过程中，氧首先被吸附在粉末表面然后进入粉末内部，因此，磁体氧含量几乎与粉末的比表面成正比。粉末粒度愈小，比表面愈大，磁体越容易吸附氧气，磁体的氧含量也越高。由于它们吸附在主相和富稀土相的表面上，在工艺过程中最终形成稀土氧化物。因此，它首先改变了主相和富稀土相的表面活性，严重影响了粉末的烧结行为。最终它在磁体中以复合氧化物的形式和 R_2O_3 型稳定的稀土氧化物的形式存在（以杂质的形式存在）。氧和稀土元素极易结合，而且，不同稀土元素和氧的结合能差距很大，例如，Nd 和 Dy，由于 Nd 和氧的亲和能比 Dy 的更大，所以，在烧结过程中，会发生下列反应，$Dy_2O_3+2Nd = 2Dy+Nd_2O_3$，Dy 被 Nd 还原了出来，变成了自由金属，正是基于此，人们利用廉价的 Dy_2O_3 代替昂贵的金属 Dy 以提高磁体的矫顽力，此外，选择合适的元素搭配合适的氧含量范围，可以使氧在磁体制造过程中起到阻止晶粒反常长大和提高矫顽力的作用，氧显示出了其对磁体性能有益的一面，我们下边对文献“High performance NdFeB magnets（invited）”（J. Appl. Phys 79（8），15 April 1996）的实验数据分析后，就可得出这一结论。如该文所示，当氧含量过低（0.1%），以致磁体中富裕大量的稀土时，由于过烧，使磁体的矫顽力变

坏，但是当氧含量过高时，它消耗掉磁体必须在晶界上分布的稀土元素，生成大量的杂质（R_2O_3）后，也使磁体性能急剧变坏。由于稀土元素极易氧化，工艺过程中又无法控制氧含量，人们经常遇到的正是这后一种情况，以往的磁体中氧含量都很高，经常发生磁体失去性能的现象，因而人们就自然地认为，氧是有害元素。而忽略了合适的氧含量与其他元素搭配可提高矫顽力和阻止晶粒长大，防止过烧的有益作用。正如上述文献所记载的实验结果所示，在某一氧含量（0.4%）时，磁体的矫顽力达到一最大值。这一最大值的大小对磁体成分元素的搭配很敏感。上述文献选了 Co、Dy、Ga、Fe、Nd、B 的搭配，和 Co、Dy、Ga、Fe 等相比 Nd 更易氧化，因此，随着氧含量的提高，部分 Nd 被氧化形成 Nd_2O_3，使磁体的 Nd 含量达到合适的程度，另一方面，通过反应 $Dy_2O_3+2Nd = 2Dy+Nd_2O_3$，以及 Nd 的优先氧化，使磁体有效成分中的 Dy 含量增加，以及总的富稀土相量减少，导致磁体的矫顽力上升。以往的经验表明，当 Dy 含量的质量分数每增加 1%时，磁体的矫顽力就要提高 2～3kOe，按该文献所给的成分数据，这将有 2.4%（质量分数）的金属 Dy 进入磁体，因此磁体的矫顽力应提高近 6～7kGe。这和文献给出的实验结果几乎一致。这就很好地解释了当氧含量增加时，磁体的矫顽力为什么不降反升的问题。这里，Dy 的被还原起了重要作用。文献作者对其结果进行分析解释时忘了这一点，作出了“NdFeB 磁体的氧含量不能低于 0.4%”的错误结论。这种观点曾经在一段时间很流行。无氧工艺将磁体氧含量降至 0.03%～0.04%的成功，已证明了他们的错误。在实践中，为了保证磁体性能，人们往往在成分配比时要多加入稀土的量以平衡稀土因氧化而消耗掉的量。从相图可以看出这将使主相减少，富稀土相增多。具体数值可以根据关于主相体积分数 ω 的半经验公式 $\omega=(1+\alpha)x_0/x$ 计算出来。例如，当磁体每增加 0.16%的氧含量时，就要用约 1%（质量分数）的 Nd 去平衡，对一个 Nd 含量为 30%（质量分数）的 NdFeB 磁体，这将使主相 $Nd_2Fe_{14}B$ 的体积分数减少，$\partial\omega \approx \delta x/x = 1/30 \approx 3\%$，磁体的 $4\pi M_s$ 将下降 $16.1\times\partial\omega = 16.1\times0.03 \approx 0.483$kGs。磁体的剩磁 B_r 约下降 300～400Gs。磁体的磁能积 $(BH)_{max}$ 下降约 2MGOe 左右。氧对磁体性能的影响十分明显。直接从 Nd-Fe-B 的相图出发也可计算出相同的结果。Nd-Fe-B 为基的稀土永磁体的研制，从一开始就为如何降低磁体中的氧含量而苦恼。几乎可以讲，磁体性能的提高过程就是不断降低磁体氧含量的过程。20 世纪 90 年代初期，日本住友住特金公司采用加入防氧化剂，使粉末表面变性的技术使磁体的氧含量降到了 0.3%，产品性能上升到了 45MGOe 上下，$(BH)_{max}+H_{cJ}=$ 60～65。但磁体的抗蚀性和耐热性仍都不太好。90 年代中后期日立金属公司采用将粉末泡在矿物油中的湿压成型工艺（HILOP），将磁体中的氧含量降到了 0.15%左右，不仅磁体的磁能积 $(BH)_{max}$ 提高到 50MGOe 左右，$(BH)_{max}+H_{cJ}=$ 63～70，磁体的抗蚀性及耐热性都大大提高。和上述各公司不同，我国包头稀土研究院 Nd-Fe-B 研究组在 1983 年底就提出了"经过改造工艺设备，实现工艺过程的无氧化，达到降低磁体氧含量为目的"的无氧工艺技术。经过实验线到中试线的反复改进提高，技术成熟，于 2002 年在山东烟台正海建成了全世界第一条全自动无氧工艺生产线，将大规模的工业生产的磁体氧含量降至 0.01%～0.04%，生产出了 55MGOe 系列产品，$(BH)_{max}+H_{cJ}=66\sim75$。产品性能全面提高，创造了世界领先水平。产品性能的提高得益于随着磁体氧含量的降低，富稀土相的减少，其成分接近主相的成分，相应的其主相的体积分数 ω 的数值也接近于 1。下面看几个实例，2005 年日本住友公布的能积为 59.5MGOe 的实验室样品的 ω 的实测值为 0.982（估计用金相法测量）。与此相应的 Nd 含量，我们用 ω 的计算公式，计算出的结果为 27.6%（质量分数），这和主相的 26.7%（质量分数）相差不到百分之一。TDK 公司在其一份专利中公布的一个实施例 $(BH)_{max}=$ 58.2MGOe，稀土含量为 28%（质量分数），氧含量为 0.079%，据此，我们计算出它的 ω 值为 0.98，以上均为实验室的等静压样品。对正海磁材的成分为 $Nd_{21.87}Pr_{5.65}Tb_{1.2}Dy_{0.1}Fe_{67.81}Co_2Cu_{0.1}Ga_{0.1}Zr_{0.15}B_{0.97}$ 的横向压工业产品，其磁能积 $(BH)_{max}=52.2$MGOe，$B_r=14.61$kGs，$H_{cJ}=14.7$kOe，其稀土总量 Nd(Re) = 28.68%（质量分数），氧含量 0.038%。我们用 ω 的公式计算出的 ω 值为 0.97。从这些例证中我们看到所有高能级磁体的主相所占的体积分数都很大，几近于 1。无一例外，所有这几个磁体的氧含量也都很低，只有百分之零点零几。唯有这样，稀土含量才能接近于 26.7%，ω 接近于 1。

可以讲，一条生产线的氧含量控制到什么程度，磁体的性能也就只能做到什么程度。纵观之，也可以讲，氧含量决定了磁体的成分范围，也就决定了磁体的性能范围。

2.3 关于 α-Fe 及 Nd_2Fe_{17} 相和富硼相的消除问题

富硼相的消除比较简单，只要在成分配比时将硼的质量分数控制在 1%附近即可。在这一节中我们主要讲 α-Fe 及 Nd_2Fe_{17} 相的消除问题。

首先，从 Nd-Fe-B 的三元相图我们得知，当温度在 1480～1425K（1207～1152℃）界的范围内时，α-Fe 从液相中析出

$$L \rightleftharpoons \alpha\text{-Fe} + L(Nd)$$

当温度下降到 1425～1405K（1152～1132℃）时，主相 $Nd_2Fe_{14}B$ 和领先相 α-Fe 通过如下的包晶反应形成

$$L + \alpha\text{-Fe} \rightleftharpoons Nd_2Fe_{14}B \qquad (1425\sim1405K,\ 1152\sim1132℃)$$

由于在冷却过程中 α-Fe 首先快速析出，之后，原子通过固相缓慢地进行反应，在一个很窄的温度范围内（约 20℃）生成主相 $Nd_2Fe_{14}B$ 相。所以当合金从高温液态缓慢冷却到室温时，合金中存在大量的 α-Fe 相。同时由于 Fe 的析出，

致使液相L(Nd)相较之前更为富Nd一些，因此，最终的合金中主相的量会更少，而富稀土相的量也较之前会更多。这两方面的原因都使主相的体积分数减少。为了解决这一问题，早在1984年初，包头稀土研究院Nd-Fe-B研究组提出了“高温快冷加高温退火处理”的工艺，消除了合金锭中的α-Fe相。在普通中频感应炉上达到了提高主相体积分数的目的，但合金晶粒太大。提高冷速，减小合金晶粒，使合金成分更为均匀，沿着这一思路，更新设备，20世纪90年代，国外，strip casting设备及工艺问世，厚0.2~0.4mm的Nd-Fe-B碎片（一般被称为“鳞片”）成为生产Nd-Fe-B磁体的首选。快冷组织的缺点往往是除粗大的一次结晶之外，还存在大量的1~2μm的二次晶和三次晶的细小晶粒，造成制粉之后细粉过多。当然还存在相成分的不均匀性等问题（如残存的α-Fe，Nd_2Fe_{17}等相）。因此，同样需要对其进行热处理，对相图的分析和实验研究表明，合适的工艺制度是：600~650℃，保温30min，或在此温度区间的缓慢冷却（1~2℃/min）。经过此处理后只有主相和富稀土相，并且它们的体积比接近平衡状态，经过这样一次600~650℃保温处理后，树枝状消失。晶粒的变化情况是：一次晶的大小没有大的变化，而细小的二次晶和三次晶长大到2~3μm，不仅晶粒大小的分布变得均匀，而且合金成分也更加均匀。这样的合金片在细磨之后，不会产生过多的细粉。解决了细粉过多的问题。我们前边提到的“水土不服”就是由于没有对“鳞片”进行上述热处理造成的。

图5给出了用strip casting设备得到的一个成分为$Nd_{22.22}Pr_{6.08}Dy_{0.7}Fe_{67.68}Co_2Cu_{0.1}Ga_{0.1}Zr_{0.15}B_{0.97}$，磁能级为50MGOe的典型的Nd-Fe-B合金快冷组织的金相照片。从图中可见，细而薄的富稀土相分布在主相的周围，而在树枝状的主相周围还分布着很多细小的二次晶和更小的三次晶。主相的一次晶约3~10μm的粗细，长度可达100μm，而二次昰和三次晶的大小约在2μm以下，太细小。制粉后将出现大量的细粉，引起严重后烧，磁性能下降。这就是前述“水土不服”的原

图5 50MGOe的典型Nd-Fe-B合金快冷组织

因之一。另外的原因，当然是由于大多数生产者采用粗大的粉末以降低磁体氧含量而使单个粉末颗粒包含了多个小晶粒而呈多晶状，致使取向度上不去的结果。

图 6 给出的是对前述快冷合金片经 630℃、30min 处理后的金相照片，从图中可以看出，三次晶消失，二次晶长大，一次晶基本未变，并呈片层状平行分布。富稀土相仍薄薄地分布在主相的周围。这对提高磁体的成分均匀性和粒度分布的均匀性以及控制粒度大小，十分有利。当最大粒度小于 15μm 时，几乎所有的粉末都呈单晶状。这是最理想的合金组织状态。

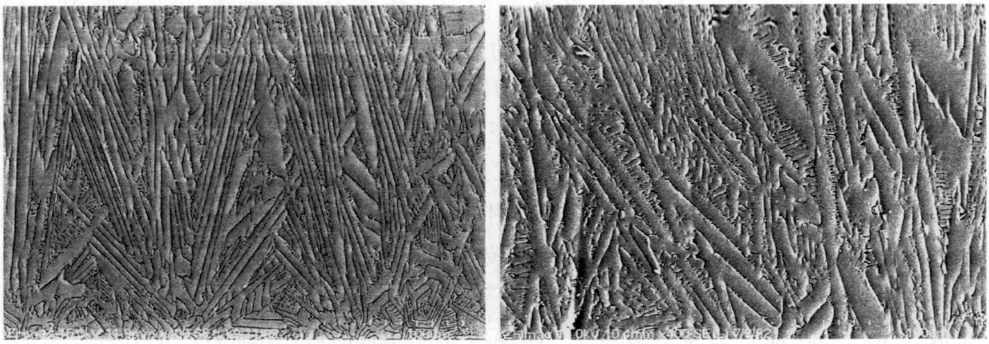

图 6　对图 5 中快冷合金片经 630℃、30min 处理后的金相照片

图 7 给出了上述快冷合金片经 700℃、30min 的热处理后的金相照片。从图中可以看出，晶粒间互相合并长大，失去了原有的树枝状形态，富稀土相呈孤立的圆球状。SC 工艺的优点大部消失，在 Nd 含量降低时还会出现 Nd_2Fe_{17} 这样的杂散相。因此，对 strip casting 铸态碎片的热处理温度不宜太高，600 ~ 650℃即可。

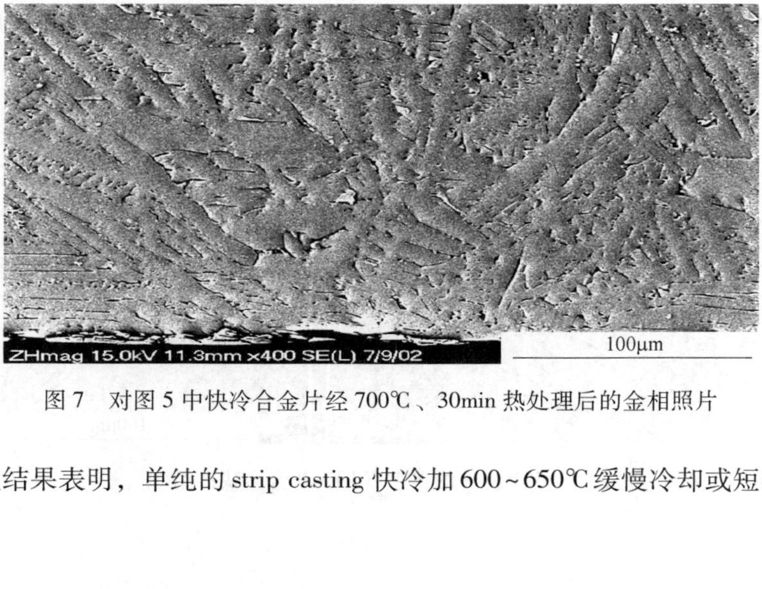

图 7　对图 5 中快冷合金片经 700℃、30min 热处理后的金相照片

以上结果表明，单纯的 strip casting 快冷加 600 ~ 650℃缓慢冷却或短时热处理

工艺（SC 工艺）是目前最好的冶炼工艺。当然，现在的 strip casting 熔炼浇铸工艺技术已成功地控制鳞片离开冷却轮的温度并使鳞片在其后的冷却过程中经受一个 600~650℃的短时热处理，达到了消除三次晶和使二次晶长大的目的，同时也消除了 Nd_2Fe_{17} 等低矫顽力相，使合金的组织状态更理想。这一冶炼工艺使浇铸和回火两个过程一次完成。

3 关于密实度 P 和凸出度 α 的问题

关于密实度 P，在一般的粉末冶金教程中讲的很多了，在此，我们只强调以下两点：除去因氧化消耗掉的 Nd 含量后磁体的 Nd 含量应比主相的高出约 1%（质量分数）左右，即磁体的有效成分在 28%（质量分数）左右。另一点是保持真空烧结，使 Nd 蒸汽在晶界间充分流动，加速致密化。

关于凸出度 α 的问题，就是如何使退磁曲线的形状成为一个矩形。也就是如何使成核场（H_n）或发动场（H_f）的分布是一个 δ 函数，在 δ 函数的奇点处 H_n（H_f）$= H_{cJ}$，也就是磁体内所有各点的成核场 H_n（或发动场 H_f）都等于磁体的内禀矫顽力 H_{cJ}。这就要求磁体具有成分分布的均匀性，粒度分布的均匀性，晶粒取向的一致性，极低的杂质含量等。从这样的物理要求出发，我们就不难找到提高凸出度 α 的工艺方法。这里不再赘述。

总之，以上对影响工艺参数 A、P、ω 和 α 的各工艺因素的分析可能还有遗漏之处，但仅就以上分析我们不难看出工艺参数和工艺因素是两个极不相同的概念。分清这两个概念，我们就使 Nd-Fe-B 的生产工艺走上了理论化、定量化的高度，从实践到理论。从此，我们就不难掌握 Nd-Fe-B 的生产工艺，并且可以定量的预先计算出产品性能，达到稳定地生产出高品质磁体的目的。

4 对经验公式 $H_{cJ}=\lambda H_a+n_f 4\pi M_s$ 正确性的实验检验

关于 Nd-Fe-B 磁体的矫顽力，目前有一个经验公式

$$H_{cJ} = \lambda H_a + n_f 4\pi M_s$$

这里的 λ 和 n_f 是两个工艺参数。从该公式本身的结构来看，磁体的矫顽力由两部分组成。第一部分与磁性相的理论矫顽力 H_a 有关，第二部分与磁性相的饱和磁化强度 $4\pi M_s$ 有关。λ 和 n_f 是两个与温度无关工艺参数。因此，研究这一公式正确性的最简单的方法是，在不同温度下测量 H_{cJ}、H_a、$4\pi M_s$ 等量，然后代入上式，看是否线性关系成立。包头稀土研究院 NdFeB 研究组，在 20 世纪 90 年代，用该院的 13ms 高低温强脉冲磁场装置对此进行过初步的研究。下边简单介绍一下他们的结果，首先，用 M_s 除上述方程的两边，得到一个新方程式：

$$H_{cJ}/M_s = \lambda H_a/M_s + 4\pi n_f$$

一般在文献资料中认为，由于 λ 和 n_f 是两个与温度无关的工艺参数，所以上

述方程在不同温度下测量时，将给出一条 H_{cJ}/M_s 和 H_a/M_s 之间的直线关系。但包头稀土研究院的测量结果显示，对于一种成分，在 20～250℃ 的温度范围内，以上结论是正确的（图 8），而对另一些成分的磁体，测得的结果显示该温度曲线是由两个不同斜率的直线部分组成的，也就是说在不同的温度段，100～150℃ 以上的高温区和 50～100℃ 以下的低温区，直线斜率 λ 取不同值，没有整体的线性，其原因不清，结果见图 9 和图 10。

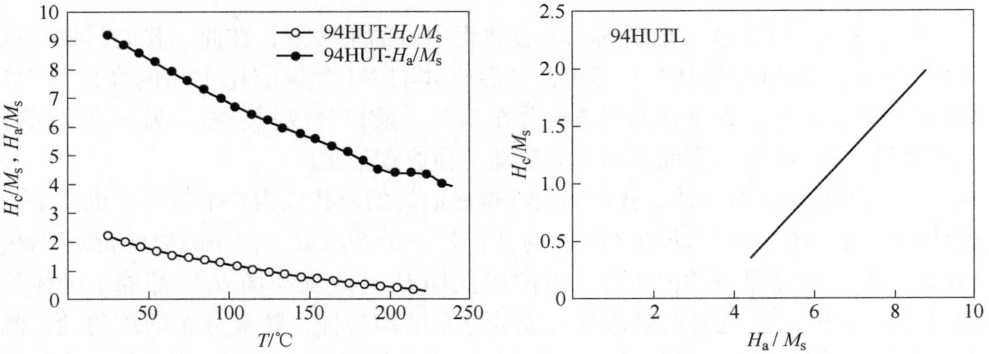

(a)　　(b)

图 8　样品 94HUT 的 H_a/M_s 和 H_c/M_s 随温度变化曲线

（a）H_a/M_s 与 H_c/M_s 的关系曲线，在温度区间（20~250℃）内呈直线关系；

（b）样品 94HUT 的 H_a/M_s 和 H_c/M_s 随温度的变化曲线（实测值）

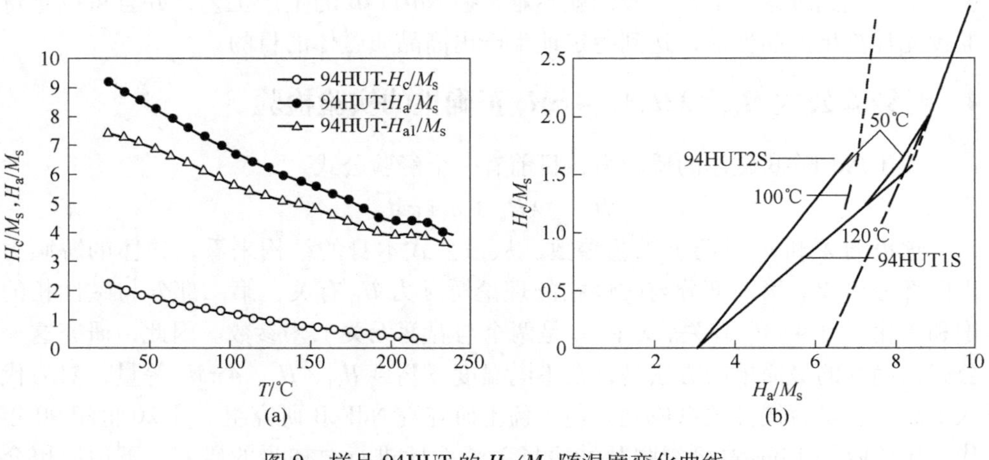

(a)　　(b)

图 9　样品 94HUT 的 H_a/M_s 随温度变化曲线

（a）H_c/M_s 与 H_a/M_s 关系曲线的直线性解析；

（b）样品 94HUT 的两个不同成分样品的 H_a/M_s 随温度变化的曲线

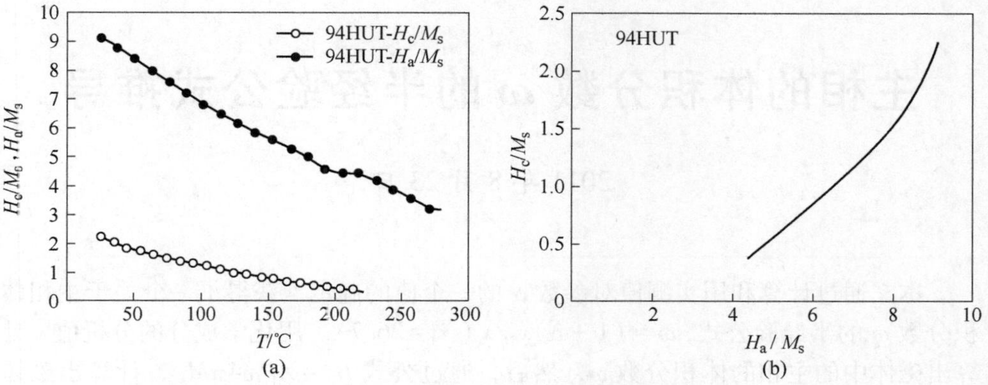

图 10 94HUT 的 H_a/M_s 随温度变化曲线

(a) H_c/M_s (T) 与 H_a/M_s (T) 的实测值;

(b) H_c/M_s 与 H_a/M_s 关系曲线的非线性行为

94HUT 的两个样品的 H_c/M_s 与 H_a/M_s 关系曲线在高温段和低温段分别呈直线状，但两直线的斜率且十分不同，值得注意的是，无论高温段还是低温段，两个样品相应直线的延长线度交于横轴上的同一点，这就给出一个很有趣的关系式：

$$H_a/M_s = -4\pi n_f/\lambda$$

同时，高温段和低温段这两个值不同。其物理意义如何，这都需要今后继续研究。

随着对这一公式的研究的深入，对 H_{cJ} 的机制及参数 λ 和 n_f 的物理图像也将会越来越清晰。在工艺上如何提高矫顽力也将会更易掌握。

主相的体积分数 ω 的半经验公式推导

2011 年 8 月 23 日

本文通过计算和用实测值对参数 α 的一个值的确定，获得了一个关于主相体积分数 ω 的半经验公式，$\omega=(1+\alpha)x_1/x$（$x_1=26.7$）。用化学成分的分析值 x 计算出磁体中的主相的体积分数 ω，然后，通过公式 $B_r=AP\omega 4\pi M_s$，计算出磁体应有的剩磁 B_r。方便了 NdFeB 磁体生产工艺的分析和研究。

1 计算前的一些相关定义

（1）各相的重量 W_i，质量分数 w_i 及总重量 W 的关系：

$W=\sum_{i=1}^{n}W_i$；$w_i=W_i/W$ 及 $1=\sum_{i=1}^{n}w_i$。空洞可当作质量为零的相。

（2）各相的体积 V_i，各相的体积分数 ω_i 及总体积 V 之间的关系：

$V=\sum_{i=1}^{n}V_i$；$\omega_i=V_i/V$ 及 $1=\sum_{i=1}^{n}\omega_i$。包括空洞的体积 V_0。

（3）各相质量分数 w_i 与体积分数 ω_i 之间的关系，由公式 $W=V\rho$ 确定的 ρ 是磁体的实测密度（W/V）

$$W_i=V_i\rho_i$$

式中，ρ_i 是该相的密度，即每一个相的量等于其体积与它的密度的积，由以上两式得出一个有用的关系式，

$$w_i=W_i/W=\omega_i\rho_i/\rho$$

即一个相的质量分数等于其体积分数乘以密度分数（ρ_i/ρ）。

另一个相关公式：

$$\rho=W/V=\sum_{i=1}^{n}\omega_i\rho_i/V=\sum_{i=1}^{n}\omega_i\rho_i$$

以上是一个关于多相磁体的密度表达式。下边将给出某一合金元素在磁体中的成分 x 与其在各相中的含量 x_i 的关系

$$x=\sum_{i=1}^{n}w_ix_i$$

应用：在 NdFeB 中可以认为氧只以 Nd_2O_3 的形式存在，那么上式中的 $n=1$。已知 Nd_2O_3 的密度 $\rho_i=7.24g/cm^3$，其氧含量 $x_i=14.3\%$（质量分数），由以上各式出发可以计算出 Nd_2O_3 在磁体中的质量分数和体积分数。

例如，一个磁体的氧含量为 0.3%，密度为 7.55g/cm^3 时，我们可以计算出 Nd_2O_3 的质量分数 $w_i = 0.3/14.3 = 2.1\%$ 和体积分数 $\omega_i = 2.1\% \times 7.55/7.24 = 2.2\%$。

2　NdFeB 磁体的 Nd 含量 x 与主相的体积分数 ω 的关系

令 x_1 为主相 $Nd_2Fe_{14}B$ 的 Nd 含量，$x_1 = 26.7\%$（质量分数），w_1 及 ω_1 分别表示主相的质量分数和体积分数，由

$$x = \sum_{i=1}^{n} w_i x_i \quad \text{（质量分数）}$$

可以得到下式

$$x_1/x = w_1/\left[1 \div \sum_{i=2}^{n} w_i(x_i x_1^{-1} - 2)\right]$$

在这里去掉了分母中的二次项 $\sum_{i=2}^{n} w_i w_j (x_i x_1^{-1} - 1)$。主相的质量分数只出现在分子中，而 $x_1 = 26.7$ 是一个常数。在高性能 NdFeB 磁体中，主相约占 90%以上，其他各相中富稀土相要占很大比重，所余的一些相也就只有百分之几了。而 $(x_i x_1^{-1} - 2) < 2$，所以，分母中的二次项也只有百分之几。对高性能磁体不超过百分之五。将 w_1 用其体积分数 ω_1 代替后我们将得到下式：

$$x_1/x = \omega_1\rho_1/\rho \cdot \left[1 + \sum_{i=2}^{n} w_i(x_i x_1^{-1} - 2)\right] = (1 - \alpha) \cdot \omega_1\rho_1/\rho$$

即

$$\omega_1 = (1 + \alpha) \cdot \rho/\rho_1 \cdot x_1/x$$

$\alpha = \sum_{i=2}^{n} w_i(x_i x_1^{-1} - 2)$，是一个数量级为$10^{-2}$的数。这样我们就在主相的体积分数和磁体的 Nd 含量之间有了一个可以直接计算的关系式。进一步简化并用 ω 代替 ω_1，我们就得到一个用磁体的 Nd 含量计算主相体积分数的半经验公式：

$$\omega = (1 + \alpha)x_1/x$$

不难看出当 $x \to x_1$ 时，$\alpha \to 0$。

下面通过公式的应用，来说明它的半经验性及如何确定 α 值。我们首先对一个 NdFeB 的样品计算它的 α 值。样品为 $Nd_{29.03}Fe_{70}B_{0.97}$ 的合金，用 15T 强脉冲磁场测得其 $4\pi M_s = 15.41$kGs，合金的密实度 $P = 1$，主相 $Nd_2Fe_{14}B$ 的 $4\pi M_s^0 = 16.1$kGs，由下式

$$4\pi M_s = \omega 4\pi M_s^0$$

我们立刻计算出该合金主相的体积分数 $\omega = 15.41/16.1 = 0.957$。将合金的 Nd 含量 29.03 和 ω 值代入公式

$$\omega = (1 + \alpha)x_1/x$$

经过简单计算，我们得到 $\alpha = 0.04$。当然 x 值不同时，α 的值也会不同，但在我们研究的范围内，α 的值不会太大，最大的变化范围是（0→0.06）。在这一

范围内可用差值法进行计算。求出与其 x 值相应的 α 值。

应用实例 1：计算成分为 $Nd_{21.87}Pr_{5.65}Tb_{1.2}Dy_{0.1}Fe_{67.81}Co_2Cu_{0.1}Ga_{0.1}Zr_{0.15}B_{0.97}$ 的 NdFeB 磁体主相的体积分数 ω。磁体的稀土总量为 $21.87+5.65+1.2+0.10=28.82$，而实际分析结果为 $x=28.68$（差值 0.14 为烧损）。取 x 的实测值 28.68，并令 $x_1=26.7$ 及用差法计算的 $\alpha=0.036$，那么由上述公式我们可以计算出

$$\omega=(1+0.036)\times 26.7/28.68=0.964$$

下面我们用实测的 $4\pi M_s$ 和 B_r 来验证其正确性。

我们用另外的方法推算出该磁体主相的饱和磁化强度 $4\pi M_s^0=15.8$kGs，那么从关系式 $4\pi M_s=\omega 4\pi M_s^0$ 出发，代入 ω 和 $4\pi M_s^0$ 的值后计算出磁体的饱和磁化强度 $4\pi M_s=0.964\times 15.8=15.24$kGs，这和用强脉冲磁场的实测值相一致。将磁体的取向度 A 和密实度 P 的实测值 0.96 和 0.997 及上述的 ω 值代入 B_r 的公式 $B_r=AP\omega 4\pi M_s^0$ 后，经简单计算得到 $B_r=14.58$kGs，这和实测值 14.61kGs 相差只有 0.03kGs，结果相互符合很好。该磁体实测的矫顽力 $H_{cJ}=14.7$kGs，$(BH)_{max}=52$MGOe，凸出度 $\alpha=0.97$。

应用实例 2：日本的 TDK 公司在其一份专利中公布了两个高能级 NdFeB 样品的部分数据，我们在此用前述各公式计算其未知数据，如取向度 A。并分析没有作出更高能级的原因。

两个样品的成分为：

（1）$Nd_{28}Cu_{0.03}Co_{0.08}Fe_{70.9}B_{1.0}O_{0.079}$；

（2）$Nd_{27.6}Cu_{0.03}Co_0Fe_{71.4}B_{1.0}O_{0.072}$。

取向场为 13.9T，磁性能分别为：

（1）$B_r=15.44$kGs，$H_{cJ}=8.61$kOe，$(BH)_{max}=58.1$MGOe，密实度 $P=0.995$。

（2）$B_r=15.53$kGs，$H_{cJ}=6.796$kOe，$(BH)_{max}=54.22$MGOe，密实度 $P=0.993$。

下边我们计算它们的主相体积分数 ω 和取向度 A。从成分上我们可以断定主相的饱和磁化强度 $4\pi M_s^0=16.1$kGs。

对样品（1）根据其成分，用差值法我们计算出 $\alpha=0.025$，由此计算得 $\omega=0.978$ 和 $A=0.985$，同理，计算出样品（2）的各相应值为：$\alpha=0.017$，$\omega=0.983$ 和 $A=0.988$。

事实上对同一个工艺，同样的取向场，取向度 A 不应有太大的差别。两个样品的成分差别不大，所以主相的体积分数也差别不大。从数值看 TDK 的样品在 13.9T 的磁场取向下取向度很高，约 0.99 的水平。主相的体积分数约 0.98，这和他的 54~58MGOe 的磁能积相一致。从磁性能的实测结果看，第二个样品由于氧含量高，尽管降低 Nd 含量提高了 B_r，但 H_{cJ} 很低并小于 $B_r/2$。致使磁能积并不高。已有的实践表明，如果氧含量从 0.072%降至 0.050%，那么 H_{cJ} 将提高到

9000Oe，届时它将是一个 60MGOe 的样品，一个世界纪录。正海无氧工艺技术（ZHOFP 技术）已能降氧降到 0.040%以下，所以上述说法不是不可以实现的。

应用实例 3：用前述公式估算磁体成分。

2005 年日本住友公司报道的他们研发的磁能积 $(BH)_{max}=59.5$MGOe 的 NdFeB 磁体的相关数据如下：

$$B_r=15.55\text{kGs},\ H_{cJ}=8.2\text{kGs},\ (BH)_{max}=59.5\text{MGOe}$$

$$A=0.994,\ \omega=0.982,\ 杂质=0.7$$

在上述数据中没有密实度 P 和成分的数据。下面我们用公式 $B_r=AP\omega4\pi M_s^0$ 和 $\omega=(1+\alpha)x_1/x$ 来计算密实度 P 和磁体成分。从 B_r 的公式立刻得到密实度 $P=0.99$，由于对氧含量并不清楚，我们只能从 B_r 和取向度的大小判断 α 可以取 0.01、0.02、0.03 等三个值，从 ω 的公式可计算出三个 x 值，$x=27.46$，27.73 及 28.06。第一个 x 值可能太低，后两个依氧含量的不同是极有可能的值。和 TDK 的磁体数据相比，我们的以上结论应该是正确的。

总之，在推导出公式 $\omega=(1+\alpha)x_1/x$ 时，我们将其他相的体积分数总和（当然也是它们的质量分数的总和）设定为只有百分之几，并未指出上限。也就是说没有给出公式适合的最大 x 值（x 为稀土总量）。实际上由于问题的复杂性，很难给出这一个值。另外，在计算时我们将 x_1 设定为 26.7，它不再是 $Nd_2Fe_{14}B$ 柞中的 Nd 含量。最后，α 值是通过一个样品的实测结果确定的，这些都表明了该公式的半经验性。虽然如此，该公式在研究高能级磁体时仍然有其实用价值。

附录：差值法计算 α 值。在本文中我们用一个成分为 $Nd_{29.03}Fe_{70}B_{0.97}$ 的磁体的实测值，确定了当 $x=29.03$ 时 $\alpha=0.04$，那么，其余的 α 值可如下计算：$\alpha=0.04(x-26.7)/(29.03-26.7)=0.04(x-26.7)/2.33$。

最后要注意的是公式 $B_r=A\rho\omega4\pi M_s$ 中的 $4\pi M_s$ 不是 $Nd_2Fe_{14}B$ 的 16.1kGs，而是具体的，磁体主相 $(Nd,R)_2(Fe,Tm)_{14}B$ 的 $4\pi M_s$ 值，由于合金元素的加入，它的值小于 16.1kGs。至于具体大小，可由已有的文献资料给出的实验数据推算出来。

NdFeB 无氧生产新工艺

2013 年 5 月

"由于历史的原因，我们没有发明 NdFeB，但是我们一定要研究出生产 NdFeB 的最佳工艺"。经过二十多年的辛勤劳动，我和我的同事们实现了自己的愿望，创建了生产 NdFeB 的最佳工艺——无氧工艺和工艺理论。

1 无氧工艺的发明与工业化

FdNeB 磁体的磁性主要来源于其主相 $Nd_2Fe_{14}B$ 相的磁性，在用粉末冶金的方法生产 NdFeB 磁体时，磁体必须含有另外一种非磁性相——富钕相（rich-Nd 相）。也就是说磁体的 Nd 含量应大于主相 $Nd_2Fe_{14}B$ 的 Nd 含量，即 26.7%（质量分数），而且要适量。否则，用现行的粉末冶金方法作不出磁体性能来。NdFeB 磁体的最大特点是其富钕相中的 Nd 极易和氧，碳及氢这些元素化合，生成各种单一的或复杂化合物，和氧生成氧化物，和碳生成碳化物或与碳氢氧生成复杂的碳氢氧化合物，结果使富钕相提供的可用 Nd 大大减少，往往是生产出的磁体没有性能或者矫顽力（H_{cJ}）很低（7~8kOe)，用时效后烧方法也不能使其恢复。碳的来源比较单一，好解决。它主要由原材料 Nd、B-Fe、纯铁等以及防氧化剂、矿物油、液态的保护介质等带入。目前原材料带入的碳可以控制在 0.05%（质量分数）以下，加上其他介质带入的，磁体中的碳量在 0.10%（质量分数）左右。可以说对磁体性能已无影响。但与碳不同，目前由原材料带入的氧不超过 0.01%（质量分数)。氧主要是由空气中含有的氧和水分及其他溶有氧的介质（包括吸附在金属表面的氧）带入的，在整个工艺过程中，它无处不在，无处不有，防不胜防。而且和钕的化合力极强，特别是粉末，放在空气中短时间内就可以自燃。NdFeB 研制的早期，国内外都曾为此付出过沉重的代价。

氧是通过与 NdFeB 合金的"表面接触—吸附—扩散及内氧化"的途径进入合金内部的。如何阻断这一"通道"，防止氧化，降低磁体中的氧含量就成为生产 NdFeB 磁体首先要解决的问题。这是诸多技术问题中最重要的一个问题。也是一个最根本性的问题。经验表明，不管是否采用 SC 冶炼或普通冶炼，HD 粉碎或普通粉碎，只要磁体中的氧量过高，以至于富 Nd 相的 Nd 都转化成氧化物，最终磁体都会没有磁性。经验同时也表明，每增加 0.1%（质量分数）的氧含量，磁体的 Nd 含量相应的要增加 0.6%（质量分数），这将使磁体的剩磁 B_r 下降 180~200Gs 之多。如果两个磁体氧含量相差 0.2%（质量分数）的话，剩磁 B_r 将相差 400~500Gs。可以断言，一个生产线对磁体氧含量控制的高低，就决定了该生产线可生产出的磁体性能的高低。氧含量决定了磁体性能。所以，为了生产出高性能 NdFeB 磁体，在诸多要解决的工艺问题中降低磁体氧含量的问题就是一个十分重要的问题，也是一个首先要考虑到的问题。因此，控制氧含量的最佳工艺——无氧工艺的成功，应是 NdFeB 磁体生产中的最重要的一个技术进步，但并不是所有从事 NdFeB 工艺研究的人都清醒地认识到这一点。很多 NdFeB 生产者都不知道自己生产的磁体中具体的氧含量是多少就是最好的证明。所以，也不可能知道通过控制氧含量去改进自己产品的品质和稳定生产工艺。更有甚者，对国外有关氧对矫顽力影响的一篇论文的实验结果作了错误的解释后，认为磁体的氧含量不能小于 0.4%，否则磁体的矫顽力将急剧下降。一个错误的判断堵死了自己工艺前进的道路。

可以讲，NdFeB 磁体的研制，从一开始其核心技术就是怎么样防止磁体粉末不被氧化，尽可能降低磁体中的氧含量。只是有些人清楚地认识到这一点，而另一些人一直对此认识不清。由于氧的无处不在和无处不有的特性，使防止氧与合金粉末接触的工作遇到了很大的困难，经过长时间的不懈努力，最终许多公司研发出各自的防止 NdFeB 合金被氧化的方法。目前采用的比较成功的基本上是三个类型的方法，即以日本住友为代表的添加防氧化剂的“表面变性技术”；由日立公司发明的湿法回收粉末并湿压成型的工艺技术（日立低氧工艺技术——HILOP），以及由包头稀土研究院发明的并在烟台正海磁性材料有限公司实现大规模工业化的无氧工艺技术（正海无氧工艺技术——ZHOFP）。和前两个日本的工艺方法不同，无氧工艺从工艺设备改造入手，采用真空惰性气氛保护，将整个工艺过程实行了无氧化处理。彻底杜绝了氧进入 NdFeB 合金的“一切通道”，被认为是生产 NdFeB 磁体的最理想的工艺。事实也是如此，只有无氧工艺把磁体中的氧含量降到了 0.04%（质量分数）以下，以致氧对磁体性能失去了有害影响。正因为如此，在技术物理的范畴内，像使用无氧铜、真空、无毒、无菌等名词一样，我们使用“无氧”一词来标明我们的新工艺的特点，以及它与以往的“无氧工艺”的不同。看来，亦应是合理的，科学的。

表 1 给出了以上三种工艺的对比。从表 1 所示数据可以看出，随着磁体氧含量的下降，磁体性能明显提高，原材料的消耗减少，特别是少用或不用重稀土 Dy（及 Tb），在当前稀土价格居高不下的形势下，无氧工艺在提高性能和降低原材料消耗上具有明显的节省原材料降低成本的优势。是三个工艺中最好的。此外，用无氧工艺生产的磁体除具有磁性能好的特点以外，还同时兼有抗蚀性及耐高温性优异的特点。该产品以“含微量氧的 NdFeB 磁体及其生产方法”申报国家专利并获专利权。在日本住友公司 NdFeB 专利即将过期之时，为我国赢得了

一个 NdFeB 的重要专利。在 NdFeB 的市场上占据了高端产品市场，用于风力发电机、电动汽车等新能源领域，经济效益和社会效益十分显著。

表 1　三种工艺方法生产出的磁体特性的对比表

方　法	氧含量/%	因氧化多消耗的钕量（质量分数）/%	钕铁硼中的钕含量（质量分数）/%	$(BH)_{max}+H_{cJ}$	密度 /g · cm^{-3}
以往的技术（20 世纪 80 年代初及以后）	0.5~0.8	3.6~4.8	12.8~17	<50	7.3~7.4
	0.3~0.5	1.8~3.0	6~10.7	50~60	7.4~7.5
	0.2~0.3	1.2~1.8	4.3~6	60~65	7.5~7.6
HILOP 技术	0.1~0.2	0.6~1.2	2.1~4.3	63~70	7.6~7.7
无氧工艺技术	0.04~0.09	0.4~0.54	1.4~1.9	66~75	7.6~7.7
	0.01~0.04	0.06~0.4	0.2~0.85	66~75	7.6~7.7

以 ZHOFP 为代表的无氧工艺技术是当前生产 NdFeB 的最先进的工艺技术。它的成功解决了国际同行认为无氧工艺虽然很好，是一个生产 NdFeB 的理想工艺，但难以实现产业化，特别是在大规模工厂内的设备上很难产业化的问题。ZHOFP 是一个完全具有独立自主知识产权的重大发明。也是包头稀土研究院和正海磁性材料有限公司对我国及世界稀土行业的重大贡献。

2　无氧工艺及其他工艺技术

早在 20 世纪 70 年代，在我们研发第一代稀土永磁——SmCo 磁体时，在对 $SmCo_5$ 合金 750℃以下矫顽力损失机制的研究以及相变的理论研究中，就发现了控制磁体中的氧含量对提高磁体性能的重要性。萌发了无氧工艺的思想。所以，在研发第三代稀土永磁——NdFeB 磁体的时候，从一开始，我们就很重视对工艺过程的氧含量控制，防氧化就成为一个必不可少的工艺措施。

此外，在稀土永磁材料的研发过程中，我们非常重视相关的理论研究和经验规律的总结，从更高的理论角度，看待工艺问题和指导工艺实践，并进行技术创新，使其尽可能接近理论的要求。这使我们能在普通的工艺设备上，往往做出当时性能最好的磁体，并建立起相关的理论，推动工艺技术进一步提升。所以，在 NdFeB 的研发上，我们一路就有了很多创新，并做出骄人成绩。1983 年 10 月我们首先论证出日本住友发明的高性能 Nd-Fe-磁体的成分 $Nd_{15}Fe_{77}B_8$，而工艺是粉末冶金，并不是当时国际同行推测的快淬工艺。两三个月之后的 1984 年初，我们正式提出了从设备改造入手，建立无氧环境，防止粉末氧化的无氧工艺路线。正是在这样的路线下，我们不断努力，使磁体氧含量不断下降，性能不断提高。1984 年 7 月，做出了 42MGOe 的 NdFeB 磁体，居国内领先水平。和日本住友发布的世界纪录 45MGOe 相差不远。那时的 NdFeB 磁体的 $4\pi M$ 减磁曲线（在第一象限）随磁化场减少到接近零时突然下降，出现一个大的下行的“巴克豪森跳跃”。致使 B_r 损失约 100～200Gs，有时达到 200～300Gs，同时 μ_r 也很大，通常在 1.05 以上。导致磁体的剩磁 B_r 和磁能级（BH）$_{max}$ 都比预料的按饱和磁化强度（$4\pi M_s$）计算的低很多。当时，国内外同行为此很苦恼，找不出明确的原因，也没有解决办法。我们很快认定，这一现象是样品在制样过程中，进行机加工时，应力在样品表面造成的表面裂纹，及加工过程中表面氧化产生的局部退磁场引起的。并把 B_r 附近的这一大的下行“巴克豪森跳跃”造成的剩磁下降命名为表面效应。针对它的形成原因，提出了一个返烧工艺——对加工后的样品进行一次有金属 Nd 蒸汽保护的“返烧”处理，消除裂纹和氧化点。率先在世界范围内解决了这一问题。NdFeB 研发的初期，合金锭含有粗大的 α-Fe 和粗大的富 Nd 相，主相很少，剩磁 B_r 上不去。为解决这一问题，我们提出了高温快冷减少并细化 α-Fe 晶粒，继之以高温退火消除 α-Fe 技术，碍于当时的设备条件，我们采用片层状锭模。明显提高了 $Nd_2Fe_{14}B$ 相的体积分数，这些技术使我们在普通的工艺设备上生产出了世界一流的磁体。最初的 NdFeB 磁体由于矫顽力低，温度系数大，使用温度不高，很难在工业上应用，我们和国际同行一道展开了对这一问题的研究。1986～1987 年我们研发出低温度系数高使用温度 NdFeB 磁体，并申报国家专利，1990 年获专利权。该成果获国家发明奖三等奖。与其相关的理论研究成果——《高热稳定性 Nd-Fe-B 基磁体》《Nd-Fe-B 磁体磁通不可逆损失的机制》两文被收录在 1989 年“第 10 届国际稀土永磁及其应用会议文集”中。我们的工作受到国际同行的重视和好评，会后来信索要资料并希望与我们建立联系。1990 年在我们进一步完善了工艺设备，将磁体的氧含量降到 0.15%后，在工艺设备仍很一般的情况下，我们用先进的无氧工艺及“返烧”技术及消除 α-Fe 技术等生产出了 52.2MGOe 的 NdFeB 磁体，超过之前住友的 50.6MGOe 的世界水平，我们成为世界领先。该成果获国家“七五”重大科技攻关优秀成果奖，我也被评为国家“七五”科技攻关突出贡献者。继续提高磁体性能，在工艺方向上已不存在问题，剩下只是建造大取向场和进一步降低氧含量，都是设备问题。鉴于国内当时 NdFeB 磁体的工业产品的性能太低，生产工艺落后的状况，我们决定转向，放弃在实验室继续研制更高性能磁体的工作，走出实验室，尽快将无氧工艺产业化，以提高我国 NdFeB 的工业水平，满足日益增长的军工、电子电器、信息等方方面面对高性能 NdFeB 磁体的需求。改变高性能 NdFeB 磁体依赖进口的局面。1992 年在山东招远用国产设备建成了一个中试规模的无氧工艺生产线。虽然设备仍然是锭模浇注、滚磨、单向模压、管式炉烧结等，却生产出了当时具有国际先进水平的 NdFeB 磁体。图 1 给出了和当时国际知名公司的知名品牌的产品性能对比，这第一次的工业化就显示了无氧工艺的优越性。

在这第一次的产业化中，我们改进了实验室的成型取向压机的真空密封方

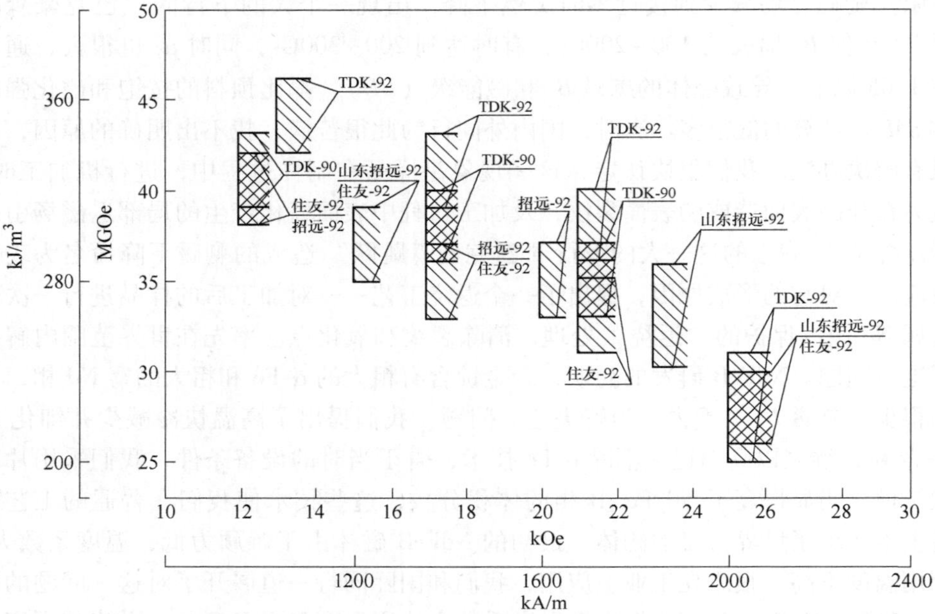

图 1　TDK、住友、山东招远稀土永磁材料厂钕铁硼产品性能对比

法，设计出适合工业生产的压机密封装置。它具有很多优点：

（1）结构简单，容积小（$\approx 1m^3$），真空度高（$10^{-5} \sim 10^{-4}$torr），容器内的氧含量可以控制在 0.001%以下，实现了无氧化。

（2）对原有压机的结构不动或只有少许的变动，适合加工制造。

（3）在保持高真空的条件下，取向电磁铁的极头可以任意移动，调整极间距。

（4）巧妙的构思，使设计出的高真空容器的器壁变薄，内部空间变大。材料费用下降，操作方便。

（5）可以装配在已有压机上，也可以取下，适合现有生产线的改造。

对压机的这一密封思路适合于所有压机。正海全自动无氧工艺生产线的建成证明了这一点。这一密封技术解决了无氧工艺难以产业化的一个难点问题，因而是一个具有重要意义的技术发明。

当然，整个无氧工艺生产线的无氧化改造还有很多技术发明，但处于技术保密的要求，这里不再介绍了。

3　NdFeB 生产工艺理论公式的修正

理论的核心是引进新的不同于工艺因素的工艺参数的概念，并给它们以明确的物理意义，它们是一组可直接测量得到的生产工艺用量。并详细给出了影响每一个工艺参数的各种工艺因素。这样区分出工艺参数和工艺因素的不同及相互间的依存关系后使原本无法建立定量关系的各物理量之间有了定量关系，使生产过程能够定量控制。达到事先设计好最终产品，全程有效控制的目的。生产不再是盲目的反复试验。工艺参数概念的建立使我们摆脱了以往工艺理论的羁绊，形成了自己的工艺理论。NdFeB 从此有了可以在生产过程中定量使用的“工具”。下面介绍工艺理论的基本关系式。

3.1 剩磁 B_r 和主相的饱和磁化强度 $4\pi M_s$ 之间的关系

剩磁 B_r 和主相的饱和磁化强度 $4\pi M_s$ 之间的关系为：

$$B_r = AP\omega 4\pi M_s^0$$

式中的参数 A 表示取向度；参数 P 表示密实度；参数 ω 表示磁性相（主相）的体积分数；$4\pi M_s^0$ 表示的是主相的饱和磁化强度，只有对纯 NdFeB，它才取 $Nd_2Fe_{14}B$ 的值，16.1kGs，对添加其他稀土元素、过渡族合金元素的磁体，除 Co 元素以外，其 $4\pi M_s^0$ 值，一般小于 16.1kGs。公式中的其他三个工艺参数的取值范围分别是：$A \leqslant 1$，$P \leqslant 1$，$\omega \leqslant 1$。

下面我们分别介绍这三个工艺参数的定义及其物理内容。

首先我们把工艺参数 A 定义为 $A = B_r / P\omega 4\pi M_s^0$，并命名为取向度。其中的分母（$P\omega 4\pi M_s^0$）正是该磁体的实际测量到的饱和磁化强度 $4\pi M_s$ 的值。它和剩磁 B_r 之间的关系很简单，就是 $B_r = A4\pi M_s$，也就是说，取向度 A 是磁体的剩磁 B_r 与磁体的饱和磁化强度 $4\pi M_s$ 值的比值。这一定义在物理上不仅具有明确的物理意义，而且很直观地表明了在减磁过程中磁体的磁化强度 $4\pi M$，从它的饱和值 $4\pi M_s$ 到剩磁 $4\pi M_r$（B_r）减少的程度，取向度 A 的这一定义，同时也告诉我们取向度 A 的直接测量方法。以往很多人使用的狭义取向度实际上是无法测量的。在应用上有一定的困难。下面我们详细的分析一下影响 A 的工艺因素，进一步指出取向度 A 的上述定义的合理性。实际上，即便是对磁场高度取向的磁体，在第一象限，当磁化场从最大值减小到零的过程中不只是仅仅发生磁畴的转动过程，往往也会有畴壁的移动过程发生，致使 B_r 下降，取向度降低。所以，能影响 A 的工艺因素很复杂，当然，首先是取向磁场 H 的大小，与此有关的是，粉末的颗粒形状及大小分布和颗粒的单畴性，成型压力和取向磁场方向之间的关系，模压还是等静压及粉末的流动性，在加压过程中粉末的运动状态、松装程度等因素都对磁场取向有重要影响。除此以外，还要考虑到在第一象限磁化场减小时磁体内部由氧化物、微裂纹、软磁性相以及样品加工时的应力和冷却液在表面造成的裂纹，氧化等产生的局部退磁场引起的反磁化畴的形成和长大造成的磁通减少而使取向度下降的问题。与表面加工有关的磁通减少不仅在第一象限存在，而且在第二象限的退磁过程中也存在，我们称它为表面效应，磁体越小表面效应引起的磁通损失就越大。总之，在三个工艺因子 A、P 和 ω 中，只有取向度 A 是与取向场 H 有关的量，它的大小在一定程度上反映了易磁化轴（c 轴）沿取向磁场，H 的方向的排列取向情况，所以，一般称它为取向度。但不能忽视第一象限反向畴的存在和对取向度大小的影响，据此，我们可以把取向度 A 写成由三部分组成的形式，如下：

$$A = A_H + A_V + A_S$$

这里的 A_H 取值范围为 $1>A_H>0$，表示的是由取向场 H 决定的取向度部分，是取向度的主体部分，一般意义（狭义）上的取向度。而 $A_V<0$，表示的则是在第一象限出现的磁体内反向畴引起的取向度下降，而 $A_S<0$ 则表示的是表面效应引起的取向度下降。因为当取向场下降时无论是反向畴亦或是表面效应，都使磁化强度加快减少，所以 A_S 和 A_V 取负值。在 NdFeB 磁体的退磁曲线上，表面效应引起的取向度下降表现得非常明显，如困扰业界很长时间的 $4\pi M$ 在 B_r 附近突然下降一个很大值的现象就是这样。在 NdFeB 磁体研究之初（1983 年底到 1984 年初），包头稀土研究院 NdFeB 课题组就用对磁体的特殊返烧工艺率先解决了这一问题。用返烧工艺不仅使 $A_S=0$，提高了取向度，而且改善了退磁曲线的倾斜度，使 $\mu_r \approx 1$，大大提高了磁能积。其实只有用返烧工艺消除了表面效应后测得的退磁曲线才是磁体的真实磁特性曲线。关于 A_H，现有的文献资料很多，已有详细的讨论，这里不再赘述。

密实度 P 的定义，一般为 $P=\rho/\rho_0$，这里的 ρ 为磁体的实测密度，而 ρ_0 为磁体的理论密度。按定义

$$\rho = \sum_{i=1}^{n-1} V_i \rho_i \Big/ \left(V_0 + \sum_{i=1}^{n-1} V_i\right),\ \rho_0 = \sum_{i=1}^{n-1} V_i \rho_i \Big/ \sum_{i=1}^{n-1} V_i$$

上式中的 V_i 是各相的体积，ρ_i 是该相的密度，V_0 是磁体中空洞裂纹等所占的体积。不难证明 $1 - P = V_0 \Big/ \left(V_0 + \sum_{i=1}^{n-1} V_i\right) = V_0/V$（$V$ 是磁体的体积）正好是空洞所占的体积分数。所以 $P = 1 - V_0/V$，正是磁体的密实程度，即密实度。

至于磁性相（主相）所占的体积分数 ω，目前没有好的简单办法直接得到它，仅对无氧工艺生产的高磁能级 NdFeB 磁体，我们可以通过一个半经验公式，用磁体的 Nd 含量 x 值来估算 ω 的值。

$$\omega = (1 + \alpha)x_1/x$$

这里 x_1 是 $Nd_2Fe_{14}B$ 相的 Nd 含量 26.7%（质量分数），而 α 是一个在 0~0.05 的范围内取值的数。当 $x \to x_1$ 时，$\alpha \to 0$。这一点是不言自明的，因为当 $x=$

x_1 时，合金只由主相组成，$\omega=1$，所以 $\alpha=0$。关于 α 的取值范围，我们只能说不宜太大，超过 0.05 可能计算结果会偏大。另外，当 x 向 x_1 趋近时 α 可以选取 0.04、0.02、0.01 等值。选什么值基本上与经验有关。实践表明，上述公式对很大范围的 NdFeB 成分还是适用的。

3.2 实测磁能积 $(BH)_{max}$ 与理论磁能级 $B_r^2/4$ 的关系

实测磁能积与理论磁能级 $B_r^2/4$ 的关系如下：

$$(BH)_{max}=\alpha\cdot B_r^2/4$$

这里引入了一个新的工艺因子 α。它与退磁曲线的形状有关，即第二象限中的曲线 $4\pi M(H)(H<0)$ 的形状有关。由于磁体中不同微区域可能具有不同大小的反磁化核，致使 $4\pi M$（H）曲线的形状很复杂。α 在一定程度上反映出曲线向上凸出的程度，故命名为凸出度。举例说，像 NdFeB 这样具有单畴行为的磁体，退磁曲线近于一直线，但试样加工造成的表面效应对其倾斜度有很大影响，使退磁曲线的倾斜度变大，α 值变小，采用返烧工艺可以很好地消除表面效应，使 $\alpha\to1$。达到 0.97→0.99 的水平。实测磁能积接近理论磁能积。实测可逆磁导率 $\mu_r\to1.01$。退磁曲线几乎是一条水平直线。磁体各晶粒的成核场 H_n 的分布接近 δ 函数，当 $H_{cJ}>B_r/2$ 时，$\alpha=1$，一般情况下 $\alpha\leqslant1$。当然，影响 α 的工艺因素很多，因为在第二象限退磁过程中不仅有磁畴的转动过程，而且还有由反向畴的畴壁移动和反磁化核的形成和长大进行的反磁化过程。后者更易受到诸多工艺因素的影响，这些因素几乎和影响矫顽力的因素相同，是工艺研究的主要内容。可以想到的是，如果磁体的所有晶粒都有同一个 H_n，而且 H_n 尽可能的高，至少 $H_n\geqslant B_r/2$，那么 α 将取最大值。事实上所有的工艺努力都是围绕这一点进行的。例如要求磁体每个晶粒为单晶并且其 c 轴尽可能的沿取向场 H 的方向排列，晶粒大小和化学成分上的尽可能均匀等就是为了达到这一目的。

从 $(BH)_{max}$ 与 B_r 的关系我们可以明白一个永磁材料的最大的理论磁能积是 $(4\pi M_s^0)^2/4$（$A=P=\omega=1$），实际上这时 $4\pi M_s$ 就是主相的饱和磁化强度。

关于各工艺参数与影响各工艺参数的各工艺因素之间的关系以及关于主相体积分数 ω 的半经验公式的推导另有论文详细论述，这里不再赘述。

总之，我们的工作明确了很多重要的工艺概念及其相关的物理图像，从理论的高度概括了工艺过程，使复杂的生产工艺过程简单化、定量化。

关于矫顽力 H_{cJ} 的理论研究，目前已有一个经验公式 $H_{cJ}=\lambda H_a+n_f4\pi M_s^0$，关于它的正确性，只有在通过不同温度下的实测研究后，才能确定。包头稀土研究院进行过这方面的工作，但只做了初步的实验研究。发现了有趣的新现象，对某些成分 H_{cJ} 和 H_a 呈直线关系，而对另外一些成分，直线性分别出现在低温区

（50~100℃以下）和高温区（100℃以上），两直线具有不同的斜率。其原因不明，还需进一步研究。另一方面，还需对影响两个工艺参数 λ 和 n_f 的工艺因素进行研究。从实践到理论，我们只是开了个头。还有大量的工作要做，例如合金成分、相成分、抗蚀性、力学性能，以及其他工艺因素的规律性的研究等，最终完成 NdFeB 生产工艺学，引领世界 NdFeB 的发展。

Mechanism of Irreversible Flux Loss of Nd-Fe-B Magnets

Yang Meijuan, Xie Hangzu, Yan Jianming

(Baotou Research Institute of Rare Earth, Baotou, China)

Abstract: The mechanism of irrevessible flux loss of the magnets made from Nd-Fe-Co-Al-B system doped with a small amount of Dy_2O_3 was studied by means of electron microprobe analysis, X-ray spectrum and magnetic measurement. The results indicated that the decrease of the irreversible flux loss of the thusmade magnets was owed to the decrease of the Nd(Fe, Co)$_2$ phase and bcc phase and the enhancing of their curie temperature. The concentration of Co in matrix and in Nd-rich phase and the forming of some new phase in grain boundary were also faverable for the temperature coefficient of H_{cJ}, therefore enhancing the usable temperature.

1 Introduction

Although Nd-Fe-B magnets had good magnetic properties, its practical. Application was limited by the large temperature coefficient (−0. 126%/℃) and low usable temperature (< 100℃). So to improve the thermal stability and to raise the usable temperature became a key problem. To improve the stability meant not only to make the reversible flux loss less in a certain temperature range, but also to make the irrevessible flux loss smaller. Generally, the reversible loss was related to intrinsic parameters of magnetic material, such as M_s, K, H_a and T_c etc. , but the irreversible loss was a processing sensitive parameter related to complex metallurgical factors, such as composition inhomogeneity. Precipitation and solution of some phase, existence of some low curie temperature phase, low coercivity region, cavity and metastable phase formed during the processing.

Previous research work revealed that the reversible temperature coefficient | α_B | of magnets base on Nd-Fe-B system could be lowered to 0.01%/℃ by adding Co, Al and

Paper No. 19P0201 at the 10th International Workshop on Rare-Earth Magnets and Their Applications, Kyoto, Japan, 16-19 May, 1989 (Proceedings Book: The Society of Non-Traditional Technology, 1-2-8, Toranomon, Minato-ku, Tokyo, 105 Japan) .

Address inquiries to: Mr. Xie Hongzu, Department of Rare Earth New Material, Baotou Research Institute of Rare Earth, Baotou, Inner Mongolia, China.

heavy RE elements Dy, Ho, Er, etc[1,2]., and that the irreversible flux loss decreased to less that 5% after exposed at 200℃ by the addition of appropriate amount of Co, Nb, Ga and Dy[3,4]. Some research work indicated that magnets fabricated from this system with low temperature coefficient and high operating temperature above 200℃ could be obtained by adding Co and Er, Dy[5]. However up till now few studies had been performed on mechanism of irreversible flux loss.

This paper presented our research results on mechanism of irreversible flux loss of magnets made from Dy_2O_3 doped Nd-Fe-Co-Al-B system by using electron microprobe analysis, X-ray diffraction and magnetic measurement.

2 Experimental Precedure

The specimens were prepared in conventional powder metallurgical method as it was described in Ref. [6]. The electron image observation and composition analysis of the microregion were done with a JXA-50A electron microprobe with a wavelength spectrometer and a LiF spectrocrystal. The accelerating voltage was 25kV, probe current was 4×10^{-8} and the electron beam diameter was about 1μm. The X-ray diffraction was carried out on powders with an average particle size smaller than 100μm. We employed Co-K_α radiation in combination with an X-ray monochrometer.

3 Results and Discussion

3.1 Composition and structure of the cast alloys and magnets

The back electron images (BEI) of two alloys with similar compositions in Nd-Fe-Co-Al-B system were shown in Fig. 1 (a) and Fig. 1 (b), and their compositions were listed in Table 1.

Table 1 The composition of each phase in cast alloys

the as-cast alloys 887-1					
phase	number	composition/wt%			
		Al	Nd	Fe	Co
matrix	1	0.32	27.56	60.20	10.67
	2	0.25	20.12	60.46	10.14
Nd-rich phase	1	0.26	82.70	1.71	11.44
	2	0	87.71	0.66	9.58
	3	0.11	89.00	0.62	10.52
	4	0	90.52	0.43	9.06

Continued Table 1

phase	number	composition/wt%			
the as-cast alloys 887-1					
phase	number	Al	Nd	Fe	Co
Nd(Fe, Co)$_2$ phase	1	0.22	62.51	20.68	19.12
	2	0.18	59.98	20.56	19.76
Fe-rich phase	1	0.23	0.79	92.46	9.35
	2	0.23	0.68	94.09	9.14
the as-cast alloy c887-1					
phase	number	Al	Nd	Fe	Co
matrix	1	0.28	27.32	60.37	10.02
	2	0.32	28.40	58.03	9.66
Nd-rich phase	1	0.04	76.49	5.78	10.52
	2	0.04	77.44	1.03	10.75

The structure in Fig. 1 (a) consisted of at least four phases: (1) Fe-rich phase, $Fe_{90}Co_{8.5}Al_{0.5}Nd_{0.3}$, distributed inside the matrix; this was not difficult to comprehend if we considered the matrix was formed through pritectic reaction: L (liquid) + α-Fe (solid)$\rightarrow$$Nd_2(Fe, Co)_{14}B$ (solid); (2) The matrix, $Nd_2(Fe_{0.86}Co_{0.13}Al_{0.01})_{14}B$; (3) $Nd(Fe_{0.52}Co_{0.47}Al_{0.01})_{1.7\sim1.8}$, in Nd-rich phase, its composition was approximately Nd(Fe, Co)$_2$; (4) Two Nd-rich phase with different compositions: one was $Nd_{78}(Fe_{0.07}Co_{0.93})_{22}$ (Al free) and the other was $Nd_{71}(Fe_{0.13}Co_{0.83}Al_{0.04})_{29}$ (containing Al), which was probably eutectic of a Nd-rich phase and a Al-containing phase.

The structure in Fig. 1 (b) mainly consisted of two phases: the matrix $Nd_2(Fe_{0.85}Co_{0.14}Al_{0.01})_{14}B$ and the Nd-rich phase $Nd_{66}(Fe_{0.365}Co_{0.630}Al_{0.005})_{34}$. This structure obviously differed from the one in Fig. 1 (a). Besides, the compositions of Nd-rich phase in the two alloys were different from each other.

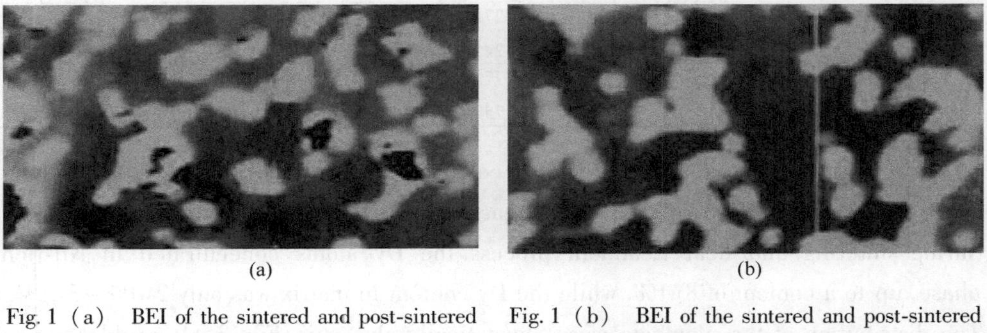

(a) (b)

Fig. 1 (a) BEI of the sintered and post-sintered sample made from the alloy 887-1

Fig. 1 (b) BEI of the sintered and post-sintered sample made from the alloy c887-1

BEI and composition results of the magnets made from the obove described alloys were given in Fig. 2 (a) and Fig. 2 (b) and Table 2. The main phase were the matrix $R_2(Fe, Co, Al)_{14}B$ and Nd-rich phase. In addition there appeared an unknown phase in Fig. 2 (a).

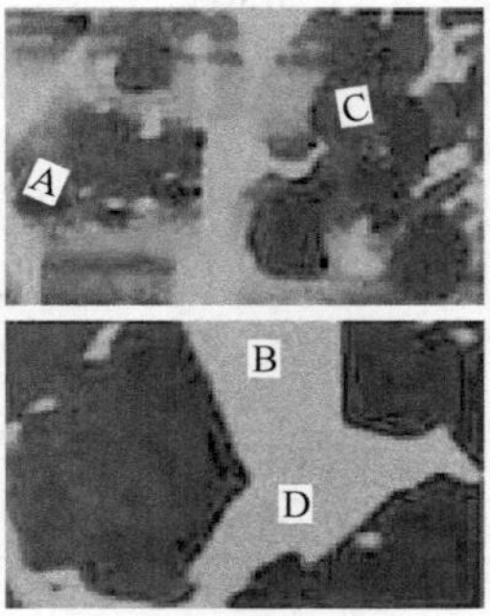

(a)

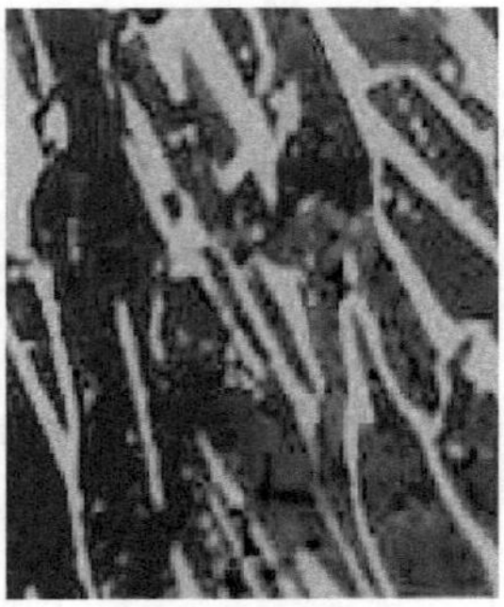

(b)

Fig. 2 (a) BEI of the cast alloys 887-1;
A—matrix; B—Nd-rich phase;
C—Fe-rich phase; D—Nd(Fe, Co, Al)$_2$ phase

Fig. 2 (b) BEI of the cast alloys c887-1

Table 2 The composition of each phase in sintered and heat treated samples

phase	number	composition/wt%				
		Al	Nd	Fe	Co	Dy
sample 887-1						
matrix	1	0. 28	25. 32	58. 69	11. 93	3. 34
	2	0. 35	25. 28	57. 78	11. 51	0. 12
Nd-rich phase	1	0	71. 26	0. 80	0. 42	8. 41
	2	0. 04	65. 53	3. 45	0. 78	10. 81
sample C887-1						
matrix	1	0. 32	27. 16	57. 94	11. 02	0. 31
	2	0. 28	24. 28	56. 00	10. 80	1. 59
Nd-rich phase	1	0. 07	77. 42	4. 51	3. 23	5. 20
	2	0. 04	75. 29	3. 23	0. 96	8. 12

It was worth noticing that the content of cobalt in $R_2(Fe, Co, Al)_{14}B$ increased about 2wt% ~ 3wt% and in Nd-rich phase decreased from 10wt% ~ 11wt% to 1wt% ~ 3wt% during sintering and heat treatment process. the Dy atoms concentrated in Nd-rich phase, up to a content of 8wt%, while the Dy content in matrix was only 2wt% ~ 3wt%. The distribution of the elements was schematically shown in Fig, 3. It could be seen that in the grain boundary not only concentration of Dy and Co was higher, but also their gradients were very large. It was very faveraable for the magnetic properties and thermal stability of magnets.

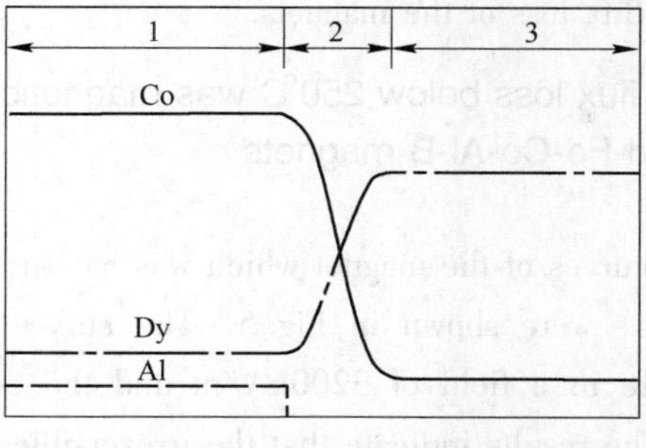

Fig. 3 The distribution of Co, Dy and Al in each phase
1—matrix; 2—grain boundary; 3—Nd-rich phase

3.2 The $Nd(Fe, Co)_2$ phase and bcc phase

The X-ray spectrum shown in Fig. 4 revealed it was easy to form the $Nd(Fe, Co)_2$ phase and difficult to transform in the following sintering and post-sintering process. Its curie temperature was about 160℃. There fore when the temperature was elevated to above 160℃, a part of the magnetic flux was lost. The irreversible flux loss in the case of sample "a" (20%) was larger than that in "b" (6%) at 200℃. Such difference was resulted from the amount of the $Nd(Fe, Co)_2$ phase.

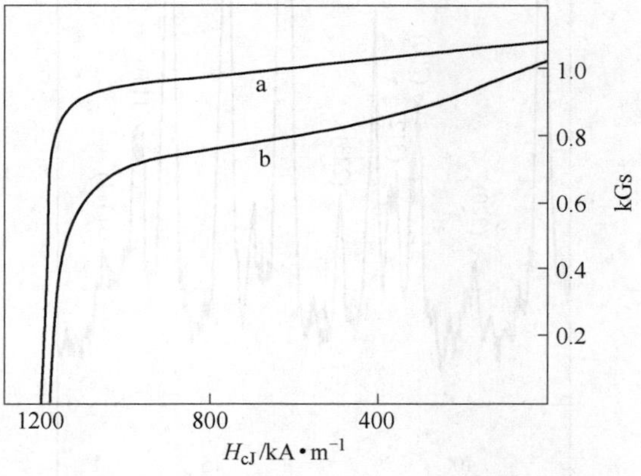

Fig. 4 The demagnetization curves of the sample after aging for 20 hours at 200℃
a—after remagnetizing; b—before remagnetizing

In addition to $Nd(Fe, Co)_2$ phase, there was another low curie temperature phase, bcc phase, appearing in this kind of magnets. Our previous work[7] and Ref. [7] indicated that bcc phase precipitated in $Nd_2(Fe, Co)_{14}B$ phase, when the Nd-Fe-Co-Al-B magnets were heat-treated. This phase did the same as $Nd(Fe, Co)_2$ phase did in respect to causing the irreversible flux loss of the magnets.

3.3 The irreversible flux loss below 250℃ was magnetic irreversible loss in the Dy_2O_3 doped Nd-Fe-Co-Al-B magnets

The demagnetization curves of the magnet which was measured after being exposed in air at 200℃ for 20 hrs. were shown in Fig. 5. The curve "a" was measured after remagnetizing the sample in a field of 3200kA/m and the curve "b" was measured without remagnetizing, The results indicate that the irreversible loss of the magnet could be returned by remagnetizing and the magnetization curve had the same form as the original. It was interesting to notice that the remanence Br in (b) was smaller than the original but the coercivity H_{cJ} in (b) was nearly the same as the original. This phenomenon could be explained by the hypothesis that the reverse domain responsible for the irrever-sible flux loss appeared in the grain but the properties of grain boundary responsible for the coercivity H_{cJ} were not changed when the temperature elevated.

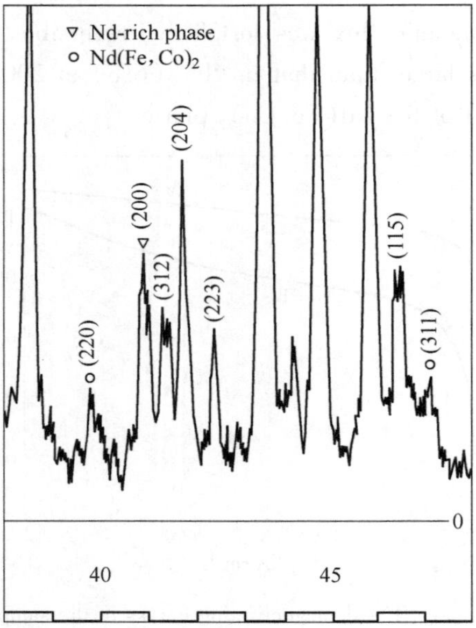

Fig. 5 The X-ray diffraction spectrum of c887-1

4 Conclusion

(1) Dysprosium atoms concentrated in Nd-rich phase, the aluminium distributed mainly

in the matrix and the cobalt atoms migrated from Nd-rich phase to the matrix during sintering and heat treatment process in the Dy_2O_3 doped Nd-Fe-Co-Al-B magnets. The grain boundary between matrix and Nd-rich phase with high concentration of Dy and Co was faverable for the magnetic properties and thermal stability.

(2) The magnets containing more $Nd(Fe, Co)_2$ phase and bcc phase had larger irreversible flux loss.

(3) The irreversible flux loss was magnetic irreversible loss which could be returned by remagnetizing in Dy_2O_3 doped Nd-Fe-Co-Al-B magnets.

References

[1] Ban-Min Ma, K. Narasimhan, J. Hurt. NdFeB magnets with zero temperature coefficient of induction [J]. IEEE Transactions on Magnetics, 1986, 22 (5): 1081~1083.

[2] Li Wei, Jiang Long, Wang Dewen, et al. Rare-earth-transition-metal-boron permanent magnets with smaller temperature coefficients [J]. Journal of the Less Common Metals, 1986, 126: 95~100.

[3] M. Tokunaga, M. Tobise, N. Meguro, et al. Microstructure of R-Fe-B sintered magnet [J]. IEEE transactions on magnetics, 1986, 22 (5): 904~909.

[4] M. Tokunaga, H. Kogure, M. Endoh, et al. Improvement of thermal stability of Nd-Dy-Fe-Co-B sintered magnets by additions of Al, Nd and Ga [J]. IEEE transactions on magnetics, 1987, 23 (5): 2287~2289.

[5] Y. Xiao, S. Liu, H. F. Mildrum, et al. The effects of various alloying elements on modifying the elevated temperature magnetic properties of sintered Nd-Fe-B magnets [J]. Journal of applied physics, 1988, 63 (8): 3516~3518.

[6] Xie Hongzu, et al. Pesented to this Workshop, No, 1890211.

[7] H. Yamamoto, S. Hirosawa, S. Fujimura, et al. Metallographic study on Nd-Fe-Co-B sintered magnets [J]. IEEE transactions on magnetics, 1987, 23 (5): 2100~2102.

[8] Xie Hongzu, et al. Proc. of 9th Inter. Workshop on RE-Co Permanent. Magnets and Their Appl. 31 August—2 Sept. 1987 and 5th Inter. Symposium on Magnetic Anisotropy and Coercivity in RE Trans. Metal Alloys 3 Sept. 1987. Bad Soden (near Frankfurt) Germany P411.

Nd-Fe-B Based Magnets with High Thermal Stability

Xie Hongzu, Yang Meijuan, Niu Guangdong

(Baotou Research Institute of Rare Earth, Baotou, China)

Abstract: A newly developed NdFeB based magnet with high thermal stability was obtained by adding a small amount of Dy_2O_3 to Nd-Fe-Co-Al-B system. The average temperature coefficient in the range of 20 ~ 250℃ was −0. 065%/℃, and its irreversible flux loss at 225℃ was about 5% (L/D = 1, P_c = 2). Its magnetic properties were as follows: B_r = 1. 06T, H_{cJ} = 1152kA/m, $(BH)_{max}$ = 219. 2kJ/m^3.

Discussion was made in respect to the technological processing.

1 Introduction

It is important to improving the thermal stability of Nd-Fe-B permanent magnets for their wide applications. Recently, a lot of research work has been done in respect of decreasing the temperature coefficent and enhancing the coercivity and usable temperature. Our previous work proves that there exsists two low Curie temperature phases (T_c = 160℃), Nb(Fe, Co)$_2$ and bcc phase, in Nd-Fe-Co-Al-B system, resulting in rapidly increasing of irreversible flux loss at the temperature above 150℃, and that is why the thusmade magnets can not be used at high temperature. The way to improve its thermal stability should be either to prevent from forming these harmful phases or to enhance their Curie temperature by means of adding some other elements, readjusting its composition and improving technological processing.

In this paper, report and discussion about the results of obtaining magnets with high thermal stability by adding Dy_2O_3 to Nb-Fe-Co-Al-B system were made.

2 Experimental Procedure

The alloys were prepared from constituent elements (purity 99%) by arc melting or

---

Paper No. 18P0211 at the 10th International Workshop on Rare-Earth Magnets and Their Applications, Kyoto, Japan, 16-19 May, 1989 (Proceeding Book: The Society of Non-Traditional Technology, 1-2-8, Toranomon, Minato-Ku, Tokyo, 105 Japan).

Address inquiries to: Mr. Xie Hongzu, Department of Rare Earth New Material, Baotou Research Institute of Rare Earth, Baotou, Inner Mongolia, China.

induction melting under pure argon (99.99%) atmosphere, which were firstly crushed into coarse powders and mixed with 5wt% Dy_2O_3, then pulverized to 3~4μm in toluene medium by a ball mill with a stainless steel container and balls. The powders were dried and then pressed in magnetic field of 800kA/m perpendicular to the pressure. The green compacts (22 × 22 × 11) were sintered at 1100℃ for 1 hour then cooled to R.T. in water, following the post-sintering process shown schematically in Fig. 1. The specimens for determining the properties were cylinders ($\phi 7.5 \times L$) cut from the compacts.

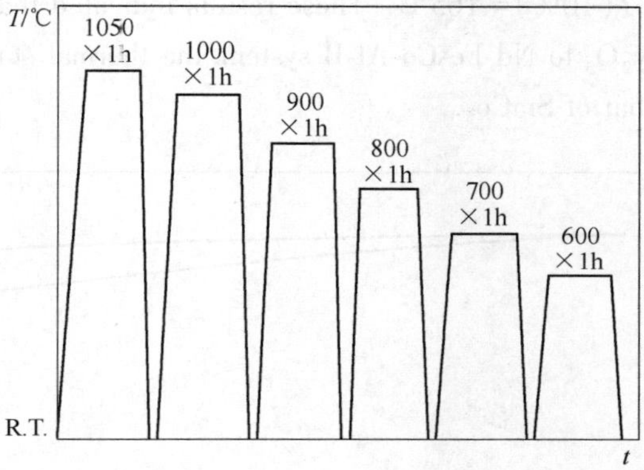

Fig. 1 The process of post-sintering heat treatment

The specimens were magnetized in pulsed field of 3200kA/m. The magnetic properties were measured with a CL-6 DC magnetometer. The temperature dependence was determined by means of hemholtze coil (60mm in diameter), and the samples were cylinders with different dimension ratios L/D. The picked-up signal was recorded by electron integrator and a high-accuracy digit volt meter (absolute error is several times of 10^{-4}V). The heating temperature was measured with a reference point of 0℃ to obtain measuring accuracy of ±0.1℃. The samples were heated in a rate of 1~2℃/min during the measuring.

3 Results and Discussion

The open circuit flux loss and the irreversible loss vs. temperature for two samples ($L/D=1$, $P_c=2$) were given in Fig. 2 (a) and Fig. 2 (b). The temperature coefficient of the two samples were −0.065%/℃ (20~250℃) and −0.064%/℃ (20~230℃) respectively, and the maximum operating temperatures at which the irreversible flux loss reaches 5% were 225℃ and 215℃ respectively. When the samples were reheated, the irreversible loss was almost zero. The irreversible flux loss for different dimensional ratio L/D vs. temperature T was shown in Fig. 3 (a) and the operating temperature vs. L/D

deduced from Fig. 3 (a) were shown in Fig. 3 (b) (solid line). Here we defined the operating temperature as the one at which the irreversible loss δ_{irr}. reaches 5% (symboled T(5%)) or 10% (symboled T(10%)). When L/D = 0. 23, then T(5%) = 110℃, and T(10%) = 125℃; when L/D = 1, then T(5%) = 198℃ and T(10%) = 210℃. The dash line in Fig. 3 (b) showed the operating temperature vs. L/D deduced according to two tested points T(5%) = 225℃ and T(10%) = 245℃ for L/D = 1 shown in Fig. 2 (a). From Fig. 3 (b), it can be seen that when L/D = 0. 23, T (5%) = 140℃ and T(10%) = 165℃. These results indicated that with the addition of a small amount of Dy_2O_3 to Nd-Fe-Co-Al-B system, the thermal stability of the obtained magnets can match that of $SmCo_5$.

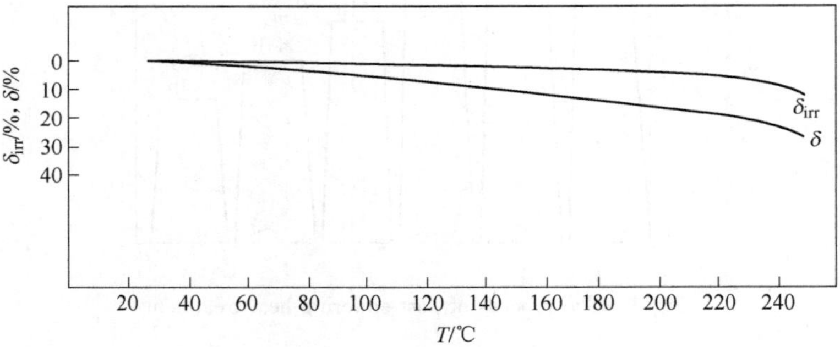

Fig. 2 (a) The total flux loss δ and the irreversible flux loss δ_{irr}. vs. heating temperature T for sample 2c 887-1 (L/D = 1, P_c = 2). As shown, δ_{irr} = 5% at. 225℃ and the average reversible temperature coefficients α_{Bd} deduced from and δ_{irr} are as follows:

20 ~ 100℃, -0. 056%/℃; 20 ~ 150℃, -0. 068%/℃; 20 ~ 200℃, -0. 073%/℃; 20 ~ 250℃, -0. 065%/℃

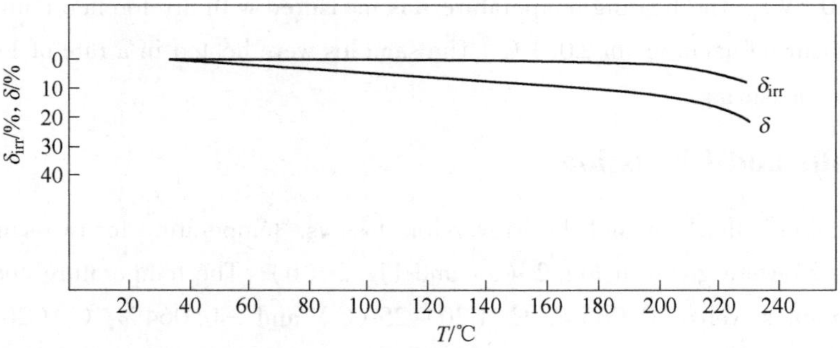

Fig. 2 (b) δ and δ_{irr} vs. heating temperature T for sample c887-1 (L/D = 1, P_c = 2). As shown, δ_{irr} = 5% at 215℃ and α_{Bd} is as follows:

20 ~ 100℃, -0. 062%/℃; 20 ~ 150℃, -0. 074%/℃; 20 ~ 200℃, -0. 068%/℃; 20 ~ 230℃, -0. 064%/℃

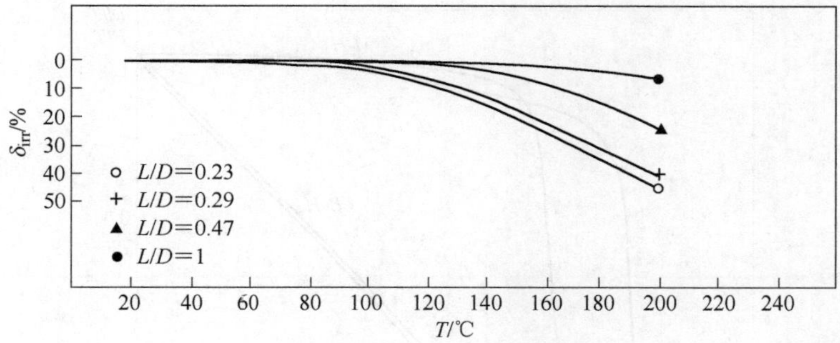

Fig. 3 (a) δ_{irr} vs. heating temperature for sample c-5 with different value of L/D

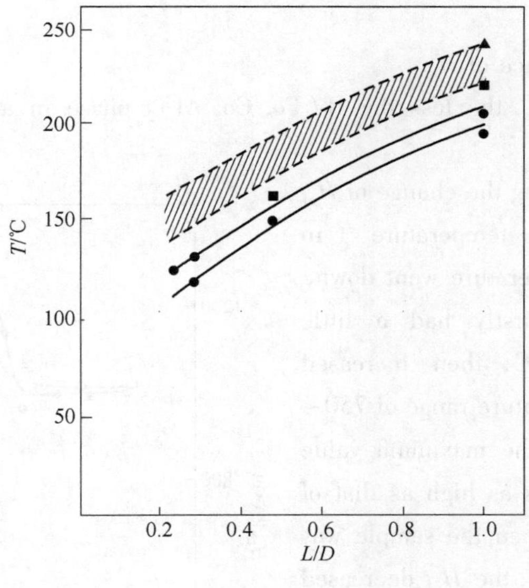

Fig. 3 (b) The relation between operating temperature and L/D. The operating temperature is defined as the one at which the δ_{irr} reaches 5% or 10%. Solid lines for c-5 dash lines for 2c887-1

Two typical demagnetization curves were given in Fig. 4. *B-H* curves were linear ($\mu_r = 1$).

The distribution of element. Dy added in the form of Dy_2O_3 was inhomogenious in the matrix (Nd, Dy)$_2$(Fe, Co, Al)$_{14}$B and the Dy content in Nd-rich phase was much higher than that in the matrix[3]. This probably showed that the content of Dy in the layer of grain boundary of the matrix was high and responsible for the improvement of the

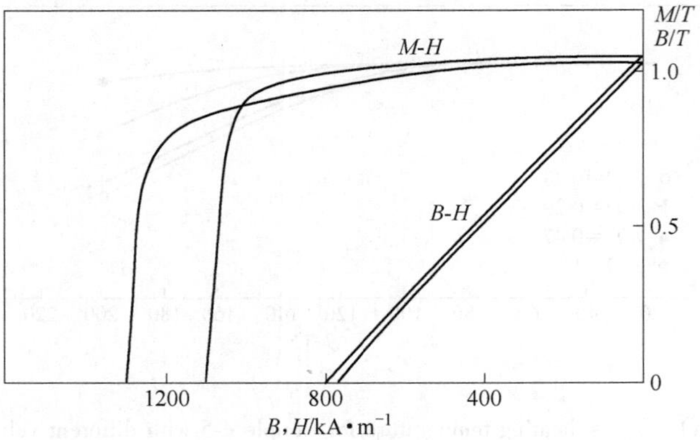

Fig. 4　The demagnetization curves of two samples

temperature dependence of H_{cJ}.

According to [3], the less the R(Fe, Co, Al)$_2$ phase in alloy. the smaller the irreversible flux loss.

It was worth noticing the change of H_{cJ} with heat treatment temperature (in Fig. 5). As the temperature went down, the coercivity H_{cJ} firstly had a little increase untill 750℃, then increased sharply in the temperature range of 750~600℃ and reached the maximum value which was 2~3 times as high as that of sintered magnets. When the sample was heat-treated at 500℃, the H_{cJ} decreased about 15% in comporison with the maximum value. When further heat-treated at the temperature below 500℃, H_{cJ} remained unchanged. This phenomenon can be explained with the hypothesis supposing that some different phases were precipitated at 750℃ and at 500℃. Further details are being investigated.

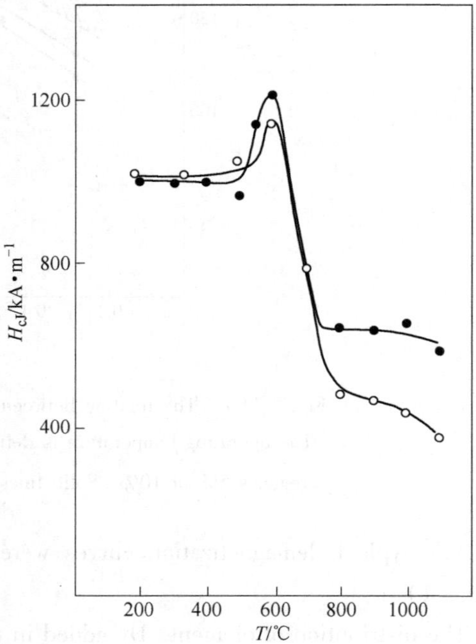

Fig. 5　Variation of the coercivity H_{cJ} with the post-sintering heat treatment temperature

The difference between the H_{cJ} values of two sintered samples shown in Fig. 5 was owed to the different content of Dy_2O_3 in them.

4 Conclusion

High thermal stability Nd-Fe-B based magnets can be obtained by adding a small amount of Dy_2O_3 (<5wt%), readjusting the content of other elements and improving the heat treatment process.

References

[1] Xie Hongzu et al: Proc. of 9th Inter. Workshop on RE-Co Permanent. Magnets and their Appl. 31 August-2 Sept. 1987 and 5th Inter. Symposium on Magnetic Anisotropy and Coercivity in RE Trans. Metal Alloys 3 Sept. 1987 Bad Soden (near Frankfurt) Germany P411.

[2] Xie Hongzu et al: 'Rare Earth' 6 (1988) Published by China Rare Earth Society, in Chinese.

[3] Yang Meijuan et al: Published in this Workshop Section 02, No 19 P0201.

强脉冲磁场在 NdFeB 生产中的应用

谢宏祖　闫建明　洪光伟

（烟台正海磁性材料有限公司）

摘　要：本文介绍了一个脉宽 13ms，磁场强度 20T 的强脉冲磁场磁滞回线测量装置。磁体的有效工作空间为 ϕ20×40mm，不均匀性小于 1%，用 SPD 法测量合金的 H_a 和 $4\pi M_s$，对 Br、H_{cJ}的测量和直流闭路 B-H 测试仪进行对比。文中对标准校对，涡流干扰的评估及在工业生产和科学研究中的应用情况作了简介。

关键词：强脉冲磁场

1　前言

近年来，NdFeB 磁体的内禀矫顽力（H_{cJ}）越来越高，已接近 SmCo 类磁体的水平。因此，基于直流电磁铁的闭路 B-H 测试仪已远远不能满足对这类磁体的磁性能（B_r、$(BH)_{max}$、H_{cJ}、H_{cB}）的测量要求。给磁体生产造成很大困难。虽然也有人用高温下（大于 80℃）直流 B–H 测试仪测量 H_{cJ}(T) 值然后向室温外推，求出室温下的 H_{cJ}值。但由于 H_{cJ}的高温测试误差较大和 H_{cJ}(T) 曲线本身并非直线，特别在 20~80℃的范围内变化较大，因此外推结果很不可靠。如图 1 所示，我们给出了从室温到 250℃范围内直流法和脉冲法所测量的 NdFeB 磁体的 H_{cJ}与温度的关系曲线。从图中可见，H_{cJ}(T) 是一条曲线，而且在 20~100℃的范围内变化很大，100℃以上的高温区变化相对平缓。

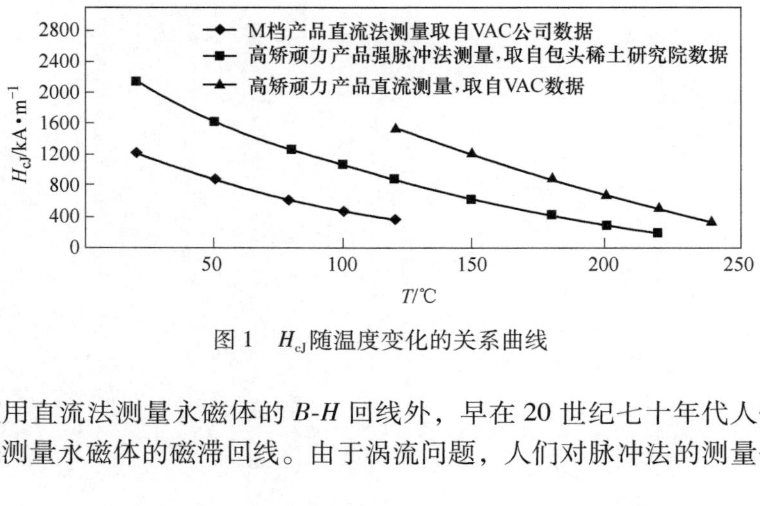

图 1　H_{cJ}随温度变化的关系曲线

除使用直流法测量永磁体的 B-H 回线外，早在 20 世纪七十年代人们就探索用脉冲法测量永磁体的磁滞回线。由于涡流问题，人们对脉冲法的测量一直不够重视。随着 NdFeB 永磁体 H_{cJ} 的不断提高，脉冲法特别是强脉冲（10~40T）磁场下的测量问题又引起了人们的关注，并取得较好的结果。

20 世纪 90 年代初 W. Jewell 和 R. Grössinger 等人[1]用两个不同脉宽的脉冲磁场（脉宽分别为 57ms 和 40ms）测量同一个样品。经过数据处理消除了涡流对 $4\pi M_s$ 的影响，最后的结果和直流法相同。这个方法被称之为 $f/2f$ 法。到了 90 年代末 R. Grössinger 等人[2]的进一步工作表明，对于一个脉宽 57ms，场强 8T 的脉冲磁场，被测样品为 ϕ20mm 的 NdFeB 磁体，涡流的影响只有 0.5%，和测量的重复误差一样。因此上述尺寸的产品不必使用 $f/2f$ 法，也会得到和直流法一样的磁滞回线。粗略地讲涡流的影响随样品尺寸的减小而减少。所以减小样品的尺寸，也可以降低涡流效应的干扰。因此，本公司的强脉冲磁场测量装量选择了小尺寸和较大的脉宽以减少涡流效应的干扰，实际样品尺寸为 $\phi4\times10$mm，脉宽 13ms，磁场强度 20T。本文将详细介绍该测量装置、标准校对、涡流干扰的评估及在工业生产和科学研究中的应用情况。

2 脉冲磁场磁测量装置原理

强脉冲磁场磁测量装置是由充磁机、产生脉冲磁场放电线圈、信号探测线圈、积分微分器、数据采集卡、计算机控制和数据处理等部分组成，如图 2 所示。

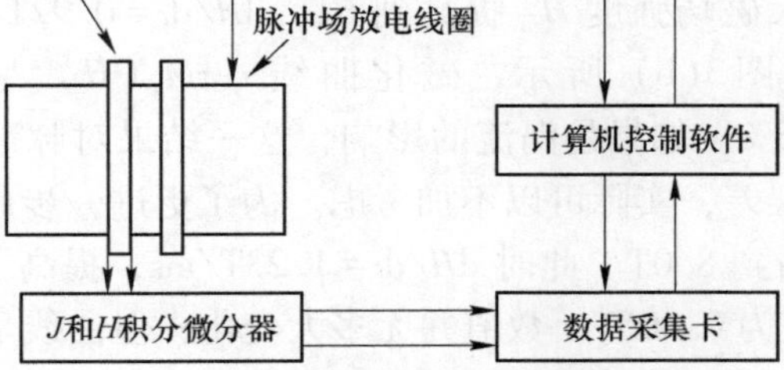

图 2 脉冲磁场磁测量装置方框图

充磁机由计算机控制，用三相桥式整流电路对脉冲电容进行充电。电容器使用的是大电流高频无感脉冲电容器，电容量 1.2mF，最高充电电压 5000V。充磁机的输出电压连续可调，任意设定，即可得到任意设定的输出电流和所需要场强，并且不受电网波动影响。

脉冲磁场放电线圈可以在内径 20mm，高 40mm 的范围内产生一均匀脉冲磁场，即在上述范围内磁场偏差小于 1%。在放电电压 2500V 时放电线圈能够产生 20T，脉宽大约 13ms 的脉冲磁场。

信号探测线圈是一组密封的J线圈和H线圈。J线圈的外部还有一补偿线圈，能随意可调对J线圈进行磁场调整，使J线圈在无样品的情况下所产生的信号等于零。在15T磁场下重复测量无样品时的J线圈信号值的偏差小于0.1%。

探测线圈的信号经积分微分器和数据采集卡进入计算机进行数据处理分析。数据采集卡是ADLINK公司的DAQ-2000四通道十四位2MHz多功能并行采集卡。计算机控制是使用Visual Basic 6.0编成的程序软件。从给电容器充电到最后数据处理显示测量曲线全部由计算机控制完成，整个过程所需时间小于1min。

充磁机和产生脉冲磁场的放电线圈由北京中科院电工所设计生产，他们同时提供了放电线圈所产生的磁场强度校准曲线。计算机接口和软件编程则由烟台海韵电子技术公司负责。

3 测量装置的标定

3.1 NdFeB磁体$4\pi M_s$值的标定

本装置采用ϕ4×10mm的纯Ni（99.9%）标样对NdFeB磁体的$4\pi M_s$值进行标定。如图3所示我们给出了在不同脉冲磁场下，对Ni标样$4\pi M_s$值的测量结果。其中图3(a)是最大磁场强度H_m=2.6T时的$4\pi M_s(H)$曲线，Ni标样的$4\pi M_s$值为0.608T，磁场的平均dH/dt=0.4T/ms，和文献[2]的dH/dt=0.3T/ms（8T，57ms）相近。因此均无明显的涡流效应的干扰，在高场下曲线的上升支与下降支重合，$4\pi M$为一水平直线，表示磁化已饱和。为了进一步探讨涡流效应的干扰，将最大磁场强度H_m提高到6T，dH/dt=0.92T/ms，磁场上升速度平均提高两倍。如图3(b)所示，磁化曲线$4\pi M_s(H)$呈倾斜状，$4\pi M_s$为0.604T，下降约0.6%。如果是涡流的影响，这一结果对脉冲磁场测量系统来说远小于其他因素的误差，实际可以不加考虑。为了更进一步研究涡流效应，将最大磁场强度H_m提高到8.0T。此时dH/dt=1.23T/ms，提高了将近3倍。如图3(c)所示，$4\pi M_s$值为0.605T，数值并无多大变化，但曲线呈开口状这或许与涡流有关。但是，实际上从脉冲磁场的波形看在接近最大值时dH/dt逐渐下降，当磁场强度H达到最大值时dH/dt=0。所以在一个脉冲磁场最大值附近存在一个dH/dt<0.4T/ms的区域，涡流效应可以不考虑。因此对$4\pi M_s$本身的测量来讲，涡流效应并不重要，这就是图3(c)给出一个合理的$4\pi M_s$值的原因。最后无论是Ni或是NdFeB当其磁化饱和时，磁导率μ都等于1，这时的涡流效应决定于电阻率的大小，NdFeB的电阻率大约在140~150μΩ·cm，而Ni的电阻率只有7~10μΩ·cm，所以对NdFeB来讲相同条件下涡流大小是Ni的四分之一（涡流大小$\propto 1/p^{1/2}$）。这就是使用强脉冲磁场对NdFeB磁体进行B-H磁滞回线测量时，无论$4\pi M_s$，B_r或者H_{cJ}都会和直流法有相同结果的原因。

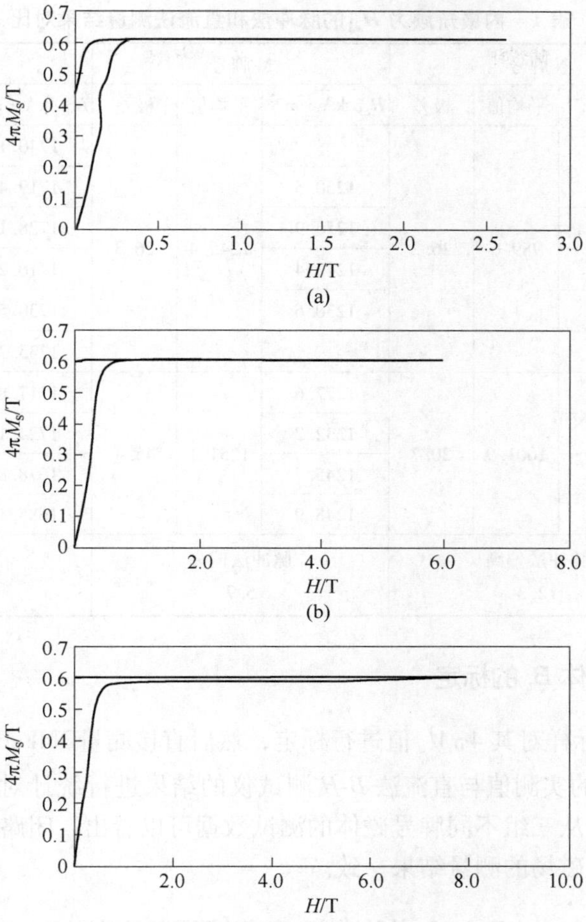

图 3 在磁场强度最大值不同时纯 Ni 标样的 $4\pi M_s$（H）曲线

（a）$H_m=2.6$T；（b）$H_m=0.0$T；（c）$H_m=8.0$T

3.2 NdFeB 磁体 H_{cJ}的标定

对 H_{cJ}的标定采用与直流法 B-H 测试仪的结果进行对比的方法。首先选定一个样品 $\phi10\times10$mm 进行直流法测量，然后进行热退磁并从中切割出一个 $\phi4\times10$mm 的样品进行脉冲磁场测量，确定其 H_{cJ} 等于直流结果。由于材料性能的起伏及热退磁可能引起 H_{cJ}的变化，所以第二步进行大批量 H_{cJ}的对比测量。

通过统计方法确定此方法的可靠性。表 1 给出了 N50、50M、45H 统计对比结果，H_{cJ}值选在直流法的有效范围内 960~1760kA/m。从结果看脉冲法的测量结果和直流法的结果十分相近，差距不会超过 40kA/m。脉冲法的结果起伏稍大这或许与数据少有关。

表 1　内禀矫顽力 H_{cJ} 的脉冲法和直流法测量结果对比

		N 牌号			M 牌号			H 牌号		
		H_{cJ}/kA · m^{-1}	平均值	极差	H_{cJ}/kA · m^{-1}	平均值	极差	H_{cJ}/kA · m^{-1}	平均值	极差
直流法	1	976.7	989.6	26.2		1245.4	26.3	1740.1	1728.3	23.9
	2	987.8			1250.5			1719.4		
	3	984.7			1256.9			1728.1		
	4	983.9			1243.4			1716.2		
	5	1002.9			1230.6			1730.5		
	6	1001.4						1735.3		
脉冲法	1	994.2	1001.9	20.7	1277.6	1251.1	45.4	1717.8	1701.5	45.3
	2	997.4			1232.2			1724.1		
	3	1001.4			1245.7			1678.8		
	4	1014.9			1248.9			1685.1		
		脉冲法偏高 12.3			脉冲法偏高 5.7			脉冲法偏低 −26.8		

3.3　NdFeB 磁体 B_r 的标定

首先用 Ni 标样对其 $4\pi M_s$ 值进行标定，然后直接测量 NdFeB 磁体的 $4\pi M_s$ 及 B_r 值，并对 B_r 的实测值与直流法 *B-H* 测试仪的结果进行统计对比。表 2 给出了一组对比结果，从三组不同牌号磁体的测试数据可以看出，闭路的直流 *B-H* 测试仪的结果与脉冲磁场的测量结果一致。

表 2　B_r 的脉冲法和直流法测量结果对比

		N 牌号			M 牌号			H 牌号		
		B_r/T	平均值	极差	B_r/T	平均值	极差	B_r/T	平均值	极差
直流法	1	1.461	1.456	0.016		1.415	0.012		1.334	0.012
	2	1.461			1.416			1.328		
	3	1.460						1.340		
	4	1.450			1.408			1.335		
	5	1.446						1.329		
	6	1.466			1.415			1.339		
	7	1.457						1.332		
	8	1.450			1.420					

续表 2

		N 牌号			M 牌号			H 牌号		
		B_r/T	平均值	极差	B_r/T	平均值	极差	B_r/T	平均值	极差
脉冲法	1	1.454								
	2	1.453			1.388			1.342		
	3	1.457	1.457	0.007	1.399	1.402	0.024	1.336	1.338	0.009
	4	1.460			1.408			1.333		
	5	1.457			1.412			1.339		
	6	1.458								

为了进一步说明这一结果，图 4(a)、(b) 分别给出了在 8.8T 的强脉冲磁场下测出的 50M 和 48M 两个产品磁滞回线的Ⅰ、Ⅱ、Ⅲ象限部分及其热退磁状态下的起始磁化曲线。从图 4(a) 第一象限的起始磁化曲线和磁滞回线的下降支走势可以看出，对取向度很高的磁体（$A>0.95$），从热退磁状态开始磁化时，晶内畴壁阻力很低，在低场下畴壁剧烈运动直至磁体饱和，这时出现了涡流的干扰，到高场时只有磁畴转动发生而涡流效应几乎消失。因而起始磁化曲线和磁滞回线的下降支此时重合，当磁化场下降时下降支的变化由不到 5%的磁畴转动和 1%左右的反向略的成长组成，几乎不存在涡流的影响，因而脉冲法 B_r 值和直流法测定的结果应该是一致的，这一结论已由表 2 的数据所证实。图 4(a) 上起始磁化曲线和磁滞回线下降支的不重合系畴壁的剧烈运动所致，如果畴壁运动不剧烈时，便不会出现这种不重合现象。如图 4(b) 所示，这是一个 48MGOe 档 NdFeB 产品中由于生产过程中取向度不够造成的 B_r 低下的产品实测结果。我们清楚地看到由于取向度差，在起始磁化时畴壁运动不很剧烈，因而由此引起的涡流效应不明显，所以起始磁化曲线和磁滞回线的下降支重合。从以上的讨论我们也可以看出，取向度 A 应定义为：取向度 $A=4\pi M_r/4\pi M_s$（样品无表面效应）。对图 4(a) 的样品实测值为 $A=4\pi M_r/4\pi M_s=1.441/1.522=0.95$。也可以直接从图 4(a) 中的 c 点和 d 点的纵坐标比值计算出来。对于图 4(b) 的样品取向度值 $A=0.85$，和生产实际情况完全符合。

从图 4 的两个实例再一次表明，强脉冲磁场将给出和直流法一样的 B_r 和 H_{cJ} 值，同时还能测量出饱和磁化强度 $4\pi M_s$ 值和取向度 A，这是目前闭路直流 B-H 测试仪无法达到的。

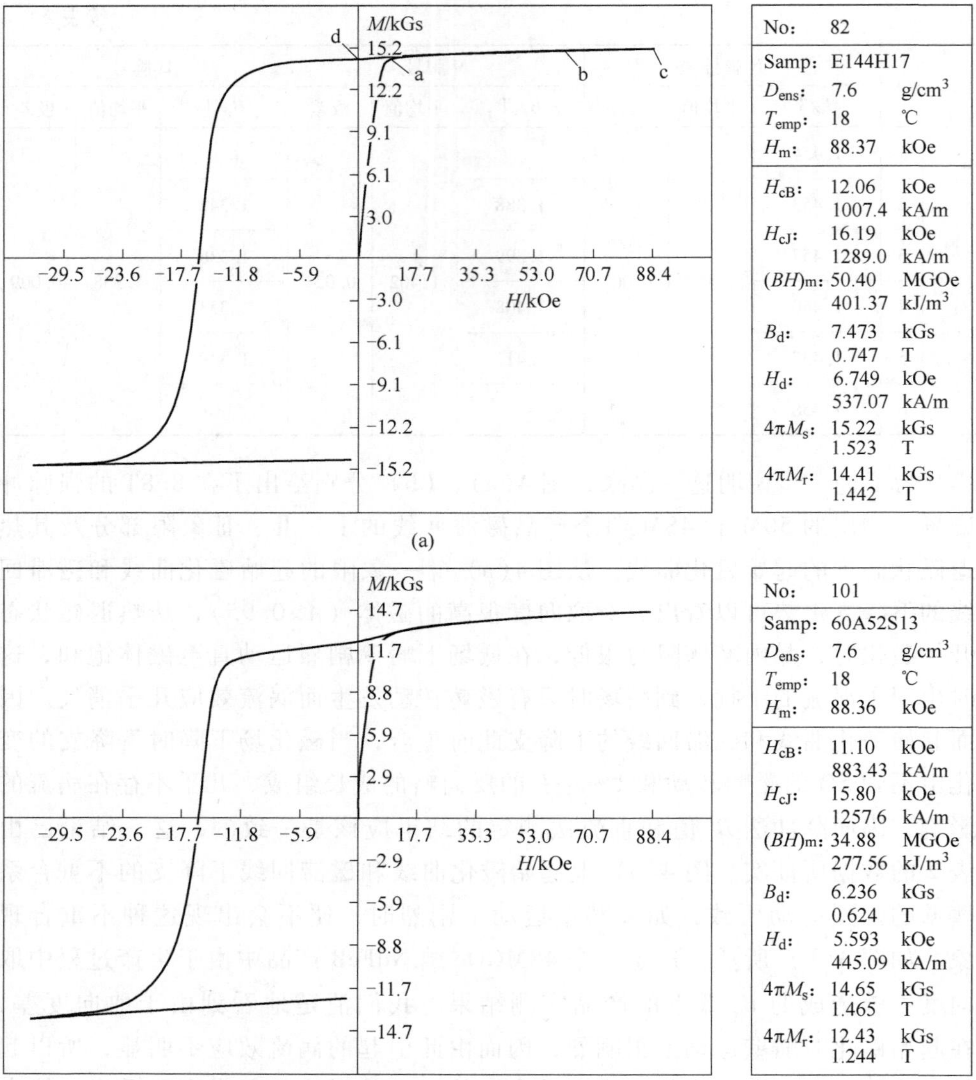

图 4　用强脉冲测量的 ZHmag 生产的 50M 和 48M NdFeB 磁体的磁滞回线

（开路，未加退磁场纠正）

（a）消除表面效应的 50M 磁体；（b）由于取向度低造成的 48M 磁体中不合格产品

4　强脉冲磁场的应用

4.1　理论矫顽力 H_A 和 $4\pi M_s$ 的测量

众所周知，对于以 NdFeB 为基础的稀土永磁材料制成的稀土永磁体，其磁性参数中剩磁（B_r）、内禀矫顽力（H_{cJ}）和最大磁能积（$(BH)_{max}$）与材料本身的内禀磁性参数、饱和磁化强度（$4\pi M_s$）和理论矫顽力（H_a）之间存在下列的关系：

$$B_r = A\delta 4\pi M_s = A\delta\omega 4\pi M'_s \quad (1)$$

$$(BH)_{max} = \alpha B_r^2/4 \quad (2)$$

$$H_{cJ} = kH_a + N_{eff} 4\pi M_s \quad (3)$$

式中，A 为取向度（$A<1$）；δ 为密实度（$\delta<1$）；ω 为主相（$Nd_2Fe_{14}B$）的体积百分数（$\omega<1$）；$4\pi M_s$ 为实际磁体的饱和磁化强度，即 $\omega 4\pi M_s'$；$4\pi M_s'$为实际磁体中主相的饱和磁化强度，对于纯 NdFeB 为 1.61T；α 为凸出度；k 和 N_{eff} 都是磁体显微结构的敏感量，也是两个工艺参数。

我们若直接测出某种工艺条件下磁体的 $4\pi M_s$ 值和 H_a 值，就可以比较准确地估算出最终磁体的 B_r 值和（$(BH)_{max}$值，以及 H_{cJ}的准确范围。

H_a 的测量方法采用 Asti 等人提出的 SPD 法（Special Point Detect Method）。在强脉冲磁场下，H_a 和 $4\pi M_s$ 同时测出，样品为多晶状态，测量十分方便。如图 5 所示，这是一个实际 48M 产品的 $M(t)$、$d^2M/dt^2(t)$ 和 $H(t)$ 随时间的变化曲线。曲线上 $d^2M/dt^2(t)$ 的两个峰为磁场上升支和下降支对应的两个 H_a 值。由于磁滞后的存在 $H_{a1}=H_{a2}$，通常认为 $H_A=(H_{a1}+H_{a2})/2$。实测出该样品的 $4\pi M_s$ = 1.447T 及 H_A = 6713.9kA/m。

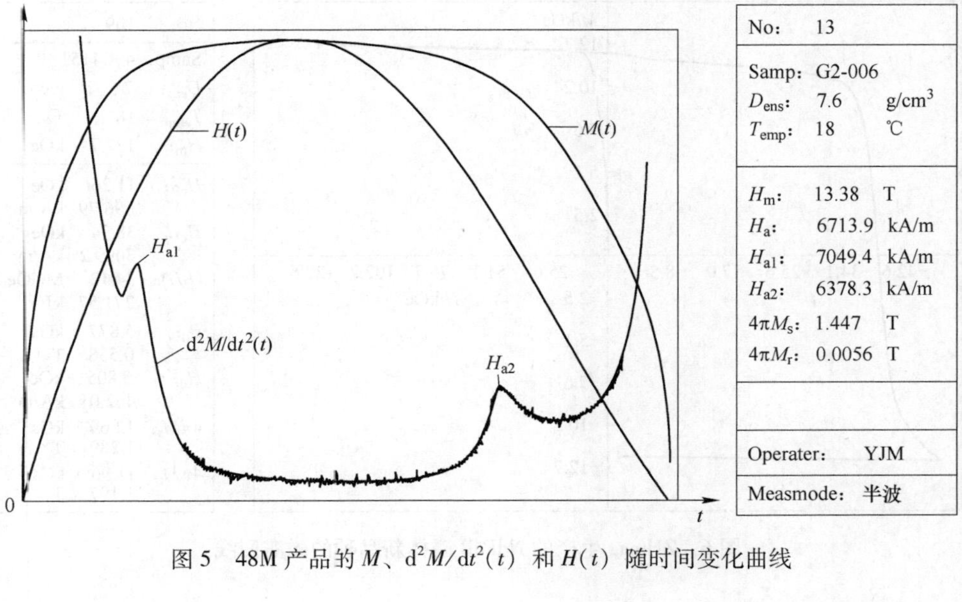

图 5 48M 产品的 M、$d^2M/dt^2(t)$ 和 $H(t)$ 随时间变化曲线

4.2　高矫顽力磁体的磁滞回线测量

如图 6 所示，这是一个 ZHmag 生产的高矫顽力磁体的新品种在强脉冲磁场下的实测结果，最大磁场强度 $H_m = 128\text{kOe} = 12.8\text{T}$（大约 H_a）。从第一象限看畴壁运动引起的涡流效应远远低于在低矫顽力磁体上的效应。第二象限的退磁曲线上出现了一个由样品表面加工引起的低矫顽力区形成的小台阶（表面效应）。由于是开路测量，退磁因子未加修正，因而退磁曲线下降较快，从实测的 B_r 值我们可以计算出理论的磁能积。

$$(BH)_{\max} = 625B_r^2/\pi = 284.6\text{kJ/m}^3$$

和实测磁能积相比（比值为凸出度）

$$\alpha = (BH)_m/(BH)_{\max} = 271.57/284.6 = 0.954$$

在无氧工艺条件下，去掉表面效应和闭路测量时凸出度 α 可以上升到 0.98。按上述 B_r 的实测结果，磁能积应达到

$$(BH)_{\max} = \alpha \times 625 \times B_r^2/\pi = 0.98 \times 284.6 = 278.9\text{kJ/m}^3$$

比实测值高出 7.3kJ/m^3，所以尽管在实际测量时对退磁因子和表面效应未加修正，实测的 $(BH)_{\max}$ 只是偏低了不到 8kJ/m^3，这完全可以满足工业生产的品质控制的要求。因此，在实际测量时若无特别要求，一般制样和测量都不作退磁场修正和去掉表面效应处理，简化制样程序，使工业生产的质量控制可以快速准确的进行。

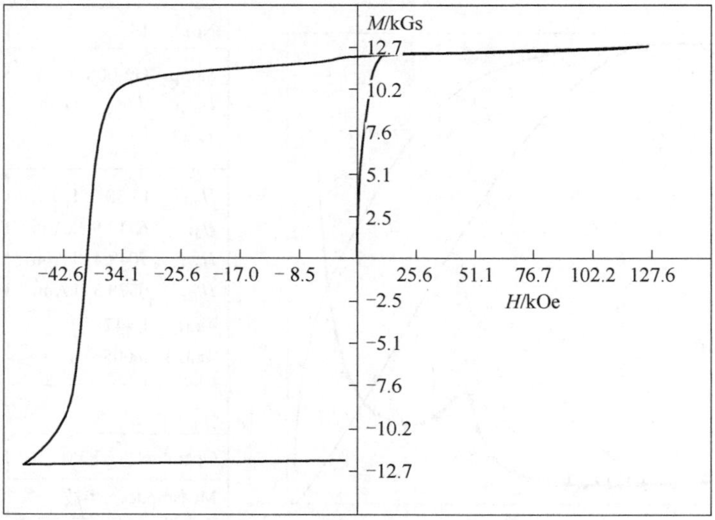

No：	109	
Samp：	49C1152	
D_{ens}：	7.6	g/cm³
T_{emp}：	18	℃
H_m：	127.7	kOe
H_{cB}：	11.26	kOe
	696.79	kA/m
H_{cJ}：	38.94	kOe
	3099.2	kA/m
$(BH)_m$：	34.12	MGOe
	271.57	kJ/m³
B_d：	5.877	kGs
	0.538	T
H_d：	5.805	kOe
	462.01	kA/m
$4\pi M_s$：	12.69	kGs
	1.289	T
$4\pi M_r$：	11.96	kGs
	1.197	T

图 6　ZHmag 生产的 NdFeB 磁体新品种的磁滞回线

4.3 对 NdFeB 磁体矫顽力机制的研究

众所周知在室温范围内，烧结 NdFeB 磁体的矫顽力 H_{cJ} 和理论矫顽力 H_a 之间是一个线性关系。

$$H_{cJ}=kH_a+N_{eff}4\pi M_s \tag{4}$$

或

$$H_{cJ}/4\pi M_s=kH_a/4\pi M_s+N_{eff} \tag{5}$$

由于用强脉冲磁场测量可以直接测出 H_{cJ}、H_a 和 $4\pi M_s$，所以通过对工艺条件的变动所引起的 H_{cJ} 变动进行分析，我们就可以知道影响两个工艺参数的一些工艺因素，从而进一步提高磁体的矫顽力，以及研究矫顽力产生的机制。如图 7 所示，我们给出了高矫顽力磁体的起始磁化曲线明显存在通常的“畴壁钉扎”的现象。这和普遍认为在 NdFeB 磁体的晶内无畴壁钉扎的看法是不一致的，其原因正在研究中。

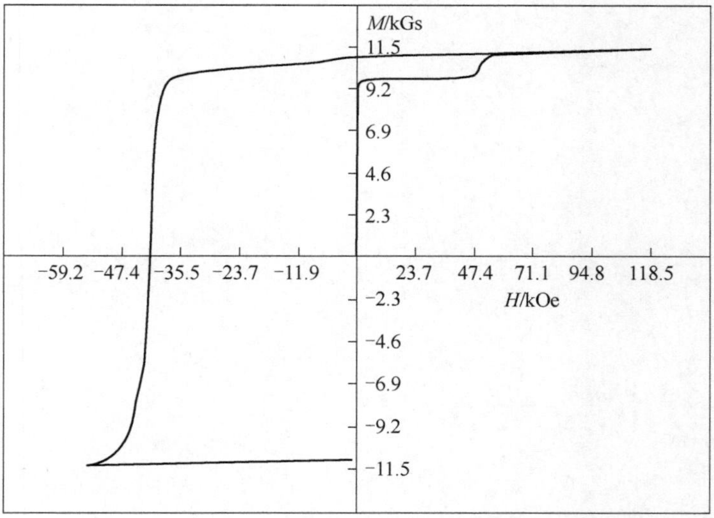

No:	15	
Samp:	098D039	
D_{ens}:	7.6	g/cm³
T_{emp}:	18	℃
H_m:	118.4	kOe
H_{cB}:	10.48	kOe
	834.21	kA/m
H_{cJ}:	42.10	kOe
	3350.6	kA/m
$(BH)m$:	28.96	MGOe
	230.12	kJ/m³
B_d:	5.633	kGs
	0.583	T
H_d:	5.146	kOe
	409.54	kA/m
$4\pi M_s$:	11.62	kGs
	1.153	T
$4\pi M_r$:	10.95	kGs
	1.095	T

图 7　H_{cJ} 大约 3360kA/m 的 NdFeB 磁体磁滞回线，在起始磁化曲线上出现明显的钉扎特征

5　结束语

脉宽为 13ms，磁场强度为 20T 的强脉冲磁场回线仪采用 $\phi4\times10$mm 的小尺寸样品测量出的 B_r 和 H_{cJ} 值与基于闭路直流 B-H 测试仪的结果一致，可以在工业生产中使用。其中（BH）$_{max}$ 由于未加退磁场和表面效应修正，低于闭路直流法的结果。对于高矫顽力磁体小于 8kJ/m³，对于低矫顽力磁体小于 16kJ/m³，对于平时生产控制来讲亦足够了。

由于强脉冲磁场可同时测量 $4\pi M_s$、H_a、取向度等值，不仅可用于工艺研究，也可以用来分析生产事故，极大地保证了生产的稳定性。

关于脉冲磁场下的涡流问题，还需要作仔细的分析研究。

参 考 文 献

[1] W. Jewell. D. Howe, C. Schotzko. R. Grössinger et al. A method for assessing eddy current effects in pulsed magnetometry. IEEE Trans. Magnetics 28 [1992] 3114.

[2] R. Grössinger. M. Taraba and A. Wimmer et al. Hysteresis measurements on industrial permanent magnets in a pulsed field magnetometer. Proceedings of The Seventeenth International Workshop. Aug. (8-22-2002) Newark, Delaware.

用 SPD 法测量 Re(FeTm)B 系磁体的 H_a

谢宏祖　闫建明

（烟台正海磁性材料有限公司）

摘　要：本文介绍了 SPD 法（Singalat Point Detect）的理论。着重讨论了在脉宽 13ms 的强脉冲磁场下，测量 Re(FeTm)B 系磁体的 H_a 问题。指出用 d^2M/dt^2 代替 d^2M/dH^2 的可行性，在该设备上可同时得到 d^2M/dt^2、$4\pi M(t)$ 和 $H(t)$ 三条曲线。一次获得 $4\pi M_s$ 和 H_a 两个数值，对研究合金成分、矫顽力机制、设计最终产品性能及寻找新型永磁化合物等是十分有用的。

关键词：SPD 法

1　引言

众所周知，Re(FeTm)B 系永磁材料的两个内禀参数，饱和磁化强度（$4\pi M_s$），理论矫顽力（H_a）和磁体的性能，剩磁（B_r）、最大磁能积（$(BH)_{max}$）、内禀矫顽力（H_{cJ}）之间存在下列的关系式。

$$B_r = A\delta\omega 4\pi M_s'' = A\delta 4\pi M_s \tag{1}$$

$$(BH)_{max} = \alpha B_r^2/4 \tag{2}$$

$$H_{cJ} = AH_a - N(4\pi M_s'') \tag{3}$$

由于 Re(FeTm)B 系磁体是一个多相磁体，其磁性能主要来源于主相 $Re_2(FeTm)_{14}B$ 相。因此，上式中的 $4\pi M_s''$指该成分下的 $Re_2(FeTm)_{14}B$ 相的饱和磁化强度。对于 $Nd_2Fe_{13}B$ 相其 $4\pi M_s'' = 1.61T$。合金的饱和磁化强度 $4\pi M_s$ 系指密实度 $\delta = 100\%$时，主相的体积分数 ω 与主相的 $4\pi M_s''$ 的乘积，即

$$4\pi M_s = \omega 4\pi M_s''$$

磁体的饱和磁化强度由于 $\delta < 100\%$，所以小于合金的 $4\pi M_s$，即

$$4\pi M_s' = \delta 4\pi M_s$$

$$4\pi M_s' = \delta\omega 4\pi M_s'' = \delta 4\pi M_s$$

磁体的 $4\pi M_s'$和合金的 $4\pi M_s$ 可通过测量直接获得。从式（1）和式（2）可以看到，若直接测量合金的 $4\pi M_s$ 我们就可以计算出最终磁体的剩磁 B_r 和最大磁能积 $(BH)_{max}$。同时，如果知道主相的 $4\pi M_s''$就可以计算出主相所占的体积分数。对纯 NdFeB，$4\pi M_s'' = 1.61T$，所以

$$\omega = 4\pi M_s/16.1 \tag{4}$$

通过 ω 的值，我们还可以进一步分析重要元素的成分。有关这一方面的详细

介绍将有另外的文章发表，这里不再赘述。总之，从以上的说明中我们可以看到 $4\pi M_s$ 的测量对合金成分设计，磁体性能的预先计算是非常重要的。

除 $4\pi M_s$ 外，另一个重要参数是式（3）中的理论矫顽力 H_a。从式（3）可以看到，如果事先知道相应合金中主相 $Re_2(FeTm)_{14}B$ 的理论矫顽力 H_a 和 $4\pi M_s$，就可以通过工艺参数计算出最终磁体的矫顽力 H_{cJ}。同样，如果事先测量出 H_{cJ}。H_a 和 $4\pi M_s$ 就可以研究影响矫顽力的工艺因素 A 和 N，以便进一步改善磁体的磁特性。

$Re_2(FeTm)_{14}B$ 的理论矫顽力 $H_a>7.8T(78kOe)$，所以简便的测量方法是采用强脉冲磁场（脉宽>10ms，$H_m>10T$）下的 SPD 法。这一方法的优点是测量精度高，对铸态合金和烧结磁体均可使用，无需特别的制样技术。测量方法简单，只需用一个样品一分钟就可获得 H_a 和 $4\pi M_s$ 两个内禀参数。

下边按文献［1］的方法简单介绍一下 SPD 法的理论思想，着重介绍在一个脉宽 13ms，H_m 可达 20T 的强脉冲磁场下的 SPD 测量方法。并讨论了纯 NdFeB 合金的测量结果。

2　理论

关于 SPD 法的理论，本文直接引用文献［1］的如下相关内容进行介绍：对一个单轴各向异性的单晶体，我们只计算各向异性常数 K_1 就足够了。这样，在外磁场中的自由能可以如下表达：

$$F(\varphi)=2k[\sin^2\varphi/2-h\cos(\theta-\varphi)] \tag{5}$$

这里

$$h=H/H_a \quad H_a=2K_1/M_s \tag{6}$$

式中　M_s——样品的饱和磁化强度；

θ——h 与易磁化轴间的夹角；

φ——M_s 与易磁化轴间的夹角。

对于 φ 角求 $F(\varphi)$ 的最小值，就可得到 $\varphi(\theta, h)$ 函数。

当 $\theta\neq0$，$\pi/2$ 时，对 $|h|\to\infty$，$\varphi=\theta$。

当 $\theta=\pi/2$ 时，

$$\varphi=\begin{cases}\pi/2 & h>1\\ \sin^{-1}h & -1<h<1\\ -\pi/2 & h<-1\end{cases} \tag{7}$$

这时，M_s 在 h 方向的分量为

$$m(h)=\cos(\theta-\varphi)=\sin\varphi=\begin{cases}1 & h>1\\ h & -1<h<1\\ -1 & h<-1\end{cases} \tag{8}$$

这里 $m=M/M_s$，由上式计算可知

$$d^2m/dh^2 = \delta(h+1) - \delta(h-1)$$

$\delta(x)$为 Dirac 的 δ 函数。

显然 d^2m/dh^2 在 $H=H_a$ 时（$h=1$）为一个奇点（singular point），也就是 d^2M/dH^2 的二阶导数在 $H=H_a$ 时为奇点。按文献［1］的结论，对于单晶样品 θ 角对 $\pi/2$ 的偏离会影响 H_a 的测量；对各向同性的多晶体，奇点变为一个尖峰（Cusp），与 θ 角对 $\pi/2$ 的偏离程度无关，其位置是一个固定值。

3 强脉冲磁场下对 H_a 的测量问题

3.1 H_a 的计算

在脉冲磁场的条件下，M 和 H 都是时间的函数

$$M=M(t)$$
$$H=H(t)$$

最容易得到的是 M 和 H 对 t 的各阶导数，M 对 H 的导数与 M 对 t 的导数之间服从复合函数的求导数法则：

$$\frac{dM}{dH}=\frac{dM}{dt}\cdot\frac{dt}{dH}$$
$$\frac{d^2M}{dH^2}=\frac{d}{dH}\left(\frac{dM}{dt}\cdot\frac{dt}{dH}\right)=\frac{d}{dH}\left(\frac{dM}{dt}\right)\cdot\frac{dt}{dH}+\frac{dM}{dt}\cdot\frac{d^2t}{dH^2}$$
$$=\frac{d^2M}{dt^2}\left(\frac{dt}{dH}\right)^2+\frac{dM}{dt}\cdot\frac{d^2t}{dH^2} \qquad (9)$$

如果 $H(t)$ 是一个锯齿形，脉冲的上下支均为直线，此时 dt/dH 的导数为一个常数 $|c|$，因而除顶点（H_m）外 d^2t/dH^2 为零，式（9）就变为

$$d^2M/dH^2=\pm c\,d^2M/dt^2$$

对同一 H 给出成正比的数值。所以，如果直接测出 d^2M/dt^2，求出其尖点对应的 t 值，然后就可以从 $H(t)$ 找到对应的两个 H_{a1} 及 H_{a2} 值。用 $H_a=(H_{a1}+H_{a2})/2$ 计算出 H_a 值。在计算机运行中这是可以很方便地做到的，并简化了计算机的程序。

3.2 强脉冲磁场磁测量装置

强脉冲磁场磁测量装置是由充磁机、产生脉冲磁场放电线圈、信号探测线圈、积分微分器、数据采集卡、计算机控制和数据处理等部分组成，如图 1 所示。

充磁机由计算机控制，用三相桥式整流电路对脉冲电容进行充电。电容器使用的是大电流高频无感脉冲电容器，电容量 1.2mF，最高充电电压 5000V。充磁机的输出电压连续可调，任意设定，即可得到任意设定的输出电流和所需要场强，并且不受电网波动影响。

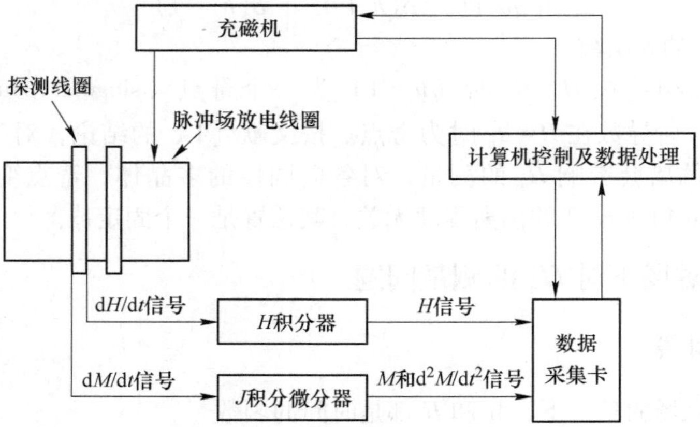

图 1　脉冲磁场磁测量装置方框图

脉冲磁场放电线圈可以在内径 20mm，高 40mm 的范围内产生一均匀脉冲磁场，即在上述范围内磁场偏差小于 1%。在放电电压 2500V 时放电线圈能够产生 20T，脉宽大约 13ms 的脉冲磁场。

信号探测线圈是一组密封的 M 线圈和 H 线圈。M 线圈的外部还有一补偿线圈，能随意可调对 M 线圈进行磁场调整，使 M 线圈在无样品的情况下所产生的信号等于零。在 15T 磁场下重复测量无样品时的 M 线圈信号值的偏差小于 0.1%，探测线圈所产生的 dH/dt 和 dM/dt 两个信号经过积分微分器变成 $H(t)$、$M(t)$ 和 $d^2M/dt^2(t)$ 三条随时间变化的曲线。这些曲线通过数据采集卡进入计算机进行数据处理分析。在 $d^2M/dt^2(t)$ 曲线上出现的两个峰对应于 $H(t)$ 曲线上的两个值为被测样品的 H_a 值。由于磁滞后效应这两个 H_a 值不相等，通常我们取它们的平均值作为被测样品的 H_a 值，这样可以消除磁滞后效应的影响。数据采集卡是 ADLINK 公司的 DAQ-2000 四通道十四位 2MHz 多功能并行采集卡。计算机控制是使用 Visual Basic 6.0 编成的程序软件。从给电容器充电到最后数据处理显示测量曲线全部由计算机控制完成，整个过程所需时间小于 1min。

3.3　测量结果

所测样品为 $\phi 4\times 10$mm 的铸态合金，它是使用普通的冷水锭模进行浇铸，合金成分为 $Nd_{31}Fe_{67.98}B_{1.02}$ 并在室温下进行测量。为了检验 dt/dH 及 d^2t/dH^2 对测量 H_a 的影响，我们选用了脉宽为 13ms，H_m 分别为 7431kA/m、8716kA/m、10053kA/m 及 11367kA/m 四个不同强度的磁场，使 H_a 处在 $H(t)$ 曲线的直线段和近直线段上。在直线段 $dt/dH=\mathrm{const}$，$d^2t/dH^2=0$，式（9）简化为

$$d^2M/dH^2=c\cdot d^2M/dt^2$$

在非直线段，由于 $d^2t/dH^2\neq 0$，式（9）的第二项会对 d^2M/dt^2 的测量造成影

响，如图 2 所示，随着 H_m 的增加，在 $H(t)$ 曲线的下降支上 H_{a2} 进入直线段，在 $H(t)$ 曲线的上升支上，H_{a1} 十分接近直线段，d^2t/dH^2 的影响变小，H_a 在 $H(t)$ 曲线上的峰越来越尖锐明显，而在较低的 H_m 值时，两个峰很平滑。说明当 $d^2t/dH^2 \neq 0$ 时式（9）的第二项对 H_a 峰的形状有影响。表 1 给出了图 2 的数据分析。

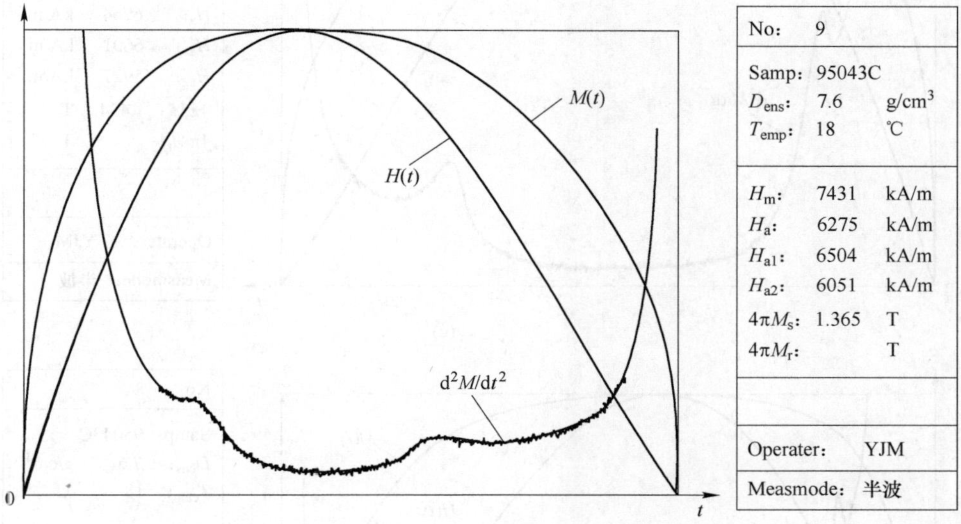

(a)

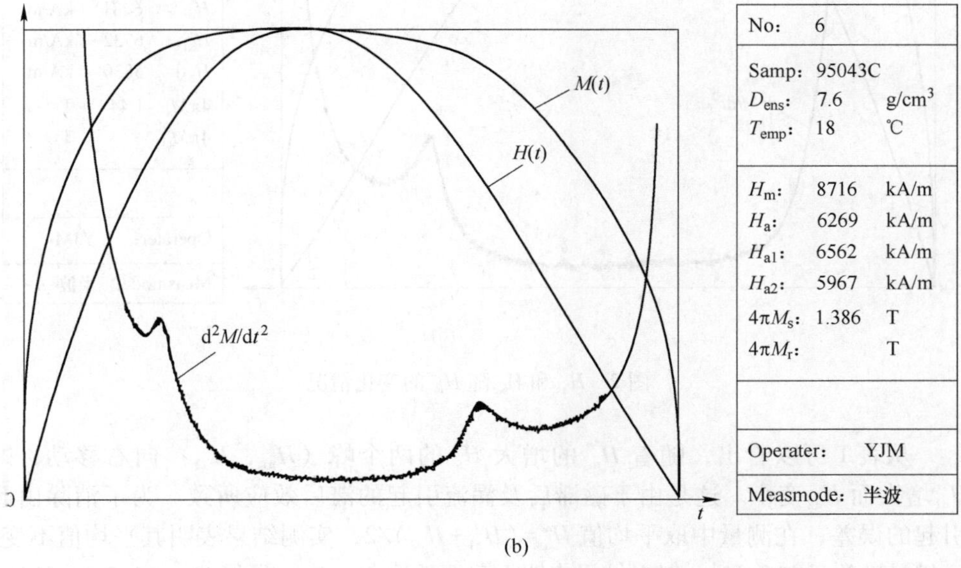

(b)

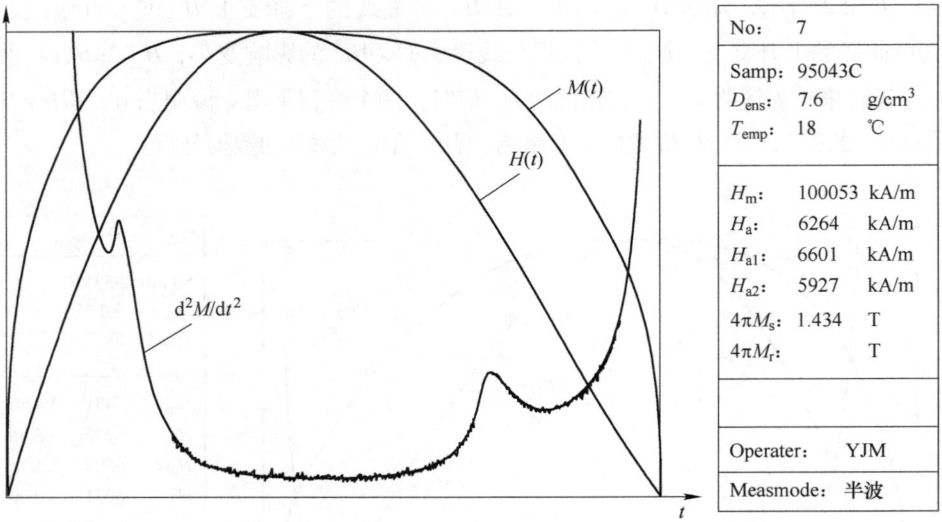

(c)

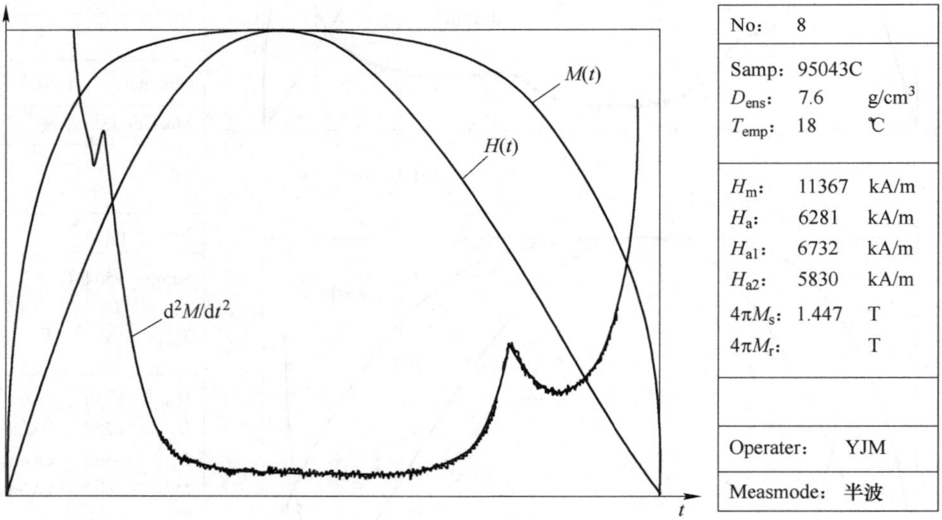

(d)

图 2　H_{a1}和 H_{a2}随 H_m 的变化情况

从表 1 可以看出，随着 H_m 的增大 H_a 的两个峰（H_{a1}，H_{a2}）向右移动，即 H_{a1}增大而 H_{a2}变小。这是由于磁滞后及涡流引起的滞后效应所致。为了消除由此引起的误差，在测量中取平均值 $H_a=(H_{a1}+H_{a2})/2$，实测结果表明其平均值不变，而相对极差只有 0.3%，以上结果表明，只要选取 $H_m>H_a$，最好 $H_m=(1.2\sim1.5)H_a$，就可以准确获得 H_a 值，与 H_m 大小无关。这与文献［1］的结论一致。

表 1 $Nd_{31}Fe_{67.98}B_{1.02}$ 样品的 H_a 值与 H_m 的关系 (kA/m)

H_m	H_{a1}	H_{a2}	H_a	H_a 均值
7431	6504	6051	6278	6273
8716	6562	5976	6269	
10053	6601	5927	6264	
11367	6732	5830	6281	

从图 2 的 $4\pi M_s$ 值的测量结果可以看到只有 H_m 在 $1.5H_a$ 左右时，才能获得稳定的 $4\pi M_s$ 值。因此建议在通常测量时取 $H_m = 1.5H_a$ 就可通过一次测量获得 $4\pi M_s$ 和 H_a 两个值。

4 结束语

（1）在强脉冲磁场下，$M(t)$ 的二阶导数 d^2M/dt^2 代替 d^2M/dH^2 来测量 H_a 是可行的。

（2）对多晶样品 H_a（当 H_m 足够高时）的大小不受 H_m 的影响。

（3）但 $4\pi M_s$ 的稳定性要求 $H_m \approx 1.5H_a$。

参考文献

[1] R. Scholl. K. ELK and L. JAHN, Application on The SPD-Method to crystalline and polycrystalline permanent Magnetic Materials [J]. J. MMM 82 (1989) 235~238.

无氧工艺的历史回顾

1983年9月，在北京召开的第7届国际稀土永磁会议上，日本的金子秀夫教授宣读了一篇论文，介绍了日本用Nd-Fe合金研制成功的一种新型稀土永磁体。文章中样品的磁能级为36MGOe，高于Sm-Co类永磁。这类永磁材料还具有原材料丰富，价格低廉的优点，这一结果受到与会者的高度重视，在会后休息的空档中，我和美国的Wallace教授立即奔到金子秀夫跟前询问，得知该磁体除Nd-Fe外还含有其他元素，金子秀夫一口气说了好几个，B、Al、Si等。回到包头稀土研究院后，我从1982年底Vienna大学的P. Rogel教授给我的一百多幅稀土三元系和多元系相图中找到了Nd-Fe-B、Nd-Fe-Al、Nd-Fe-Si等相图，发现只有Nd-Fe-B三元系中的$Nd_{15}Fe_{77}B_8$的化合物（可能分析技术原因，成分不是$Nd_2Fe_{14}B$）可能是一个强磁性相，有希望作成一个新永磁体Nd-Fe-Al、Nd-Fe-Si系中均无合适的化合物，认定了$Nd_{15}Fe_{77}B_8$应该是日本新磁体的主要成分。当年10月，会后赶回包头稀土研究院的马鹏起院长立即组织攻关组，并于当月召开了由院学术委员会组织的项目论证会，由我负责攻关，并由我作了论证报告，方向是以粉末冶金的方法研制以NdFeB为主的新磁体，目标是一年内做出磁能级为32MGOe的新磁体。包头稀土研究院就这样开始了NdFeB永磁体的研究攻关。当年11月，在美国召开的国际磁学会议上，日本住友公司NdFeB的发明人Sagawa公开报道了他们的NdFeB磁体的成分是$Nd_{15}Fe_{77}B_8$方法是粉末冶金，证明了之前包头稀土研究院的判断是正确的。

经过紧张的设备和原材料的准备之后。当年12月份，包头稀土研究院研制出第一个NdFeB样品，磁能积27MGOe，远高于Sm-Co磁，证明了NdFeB确实是一个高磁能积的新材料，从开始论证到第一个样品，一切进行的似乎很顺利，好像一切都在我们的预料和掌控之中。但就在此时，当我们调整成分，满怀信心，准备生产出32MGOe的目标产品时，历史和我们开了一个玩笑。1984年春节后，一连四十多天，每次烧出的样品都是没有磁性的“铁疙瘩”。情急之中，一次偶然的防氧化措施过了头，烧出的样品，部分熔化，但剩下的部分吸力很强，久违的磁性又回来了。这一次的波折使我们认识到，NdFeB的生产需要更严格的防氧化措施，当即决定在能够抽真空并充氩气保护的手套箱中进行粉末的真空干燥和在氩气保护下进行制样，很快生产出了36MGOe的NdFeB磁体。从此，工艺过程的无氧化——无氧工艺就成为包头稀土研究院生产高性能NdFeB的主要方法和手段。此后，随着工艺过程无氧化程度的提高，产品性能不断上升，1984年8月在冶金工业部组织的全国 NdFeB 攻关会议上，包头稀土研究院拿出了磁能积 42MGOe 的 NdFeB 磁体，一举夺魁。在当年的一份日本刊物上金子秀夫在文中提到“……据说中国的 NdFeB 样品磁性能已到 42MGOe”。

在国家“七五”攻关的过程中，包头稀土研究院攻关组设计了一套装置，对压机进行了无氧化处理，第一次实现了从粗粉碎到烧结的全过程的无氧化处理。生产出 52.2MGOe 的 NdFeB 样品，超过日本住友先前的 50.6MGOe 的世界纪录，居国际领先水平，圆满完成了国家“七五”攻关任务。但是，这一套装置不适合工业生产，对此，我们又重新设计了一套新的装置，在山东招远进行了工业化试验，取得了明显的效果。虽然仍采用铸锭、滚磨、单向模压、管式炉烧结等落后的设备，但在无氧化处理后，生产出的产品性能仍达到当时的世界先进水平（1990~1992 年）。图 1 给出了招远厂的 NdFeB 产品与日本住友，TDK 等公司产品的对比。中试的成功证明了无氧工艺在大规模工业化时的几个主要技术问题都有了可行的解决办法。1994 年 8 月对山东招远厂进行了技术鉴定。参加鉴定会的国内专家有中科院物理所的李国栋研究员、北京大学的何文望教授、北京科技大学的周寿增教授，包头稀土研究院的马鹏起院长、中国稀土学会的刘爱生秘书长等，在会上专家们提出再建一条新线，将无氧工艺进一步完善，生产出 50MGOe 的 NdFeB 磁体，当时在国际上还没有这一档产品。我们的计划正好和当时为阿尔法磁谱仪（AMS）寻求高能积磁体的丁肇中教授的要求相符。因此，该生产线的建设就和 AMS 仪的用材结合起来。图 2 是丁肇中教授、陈和生教授、

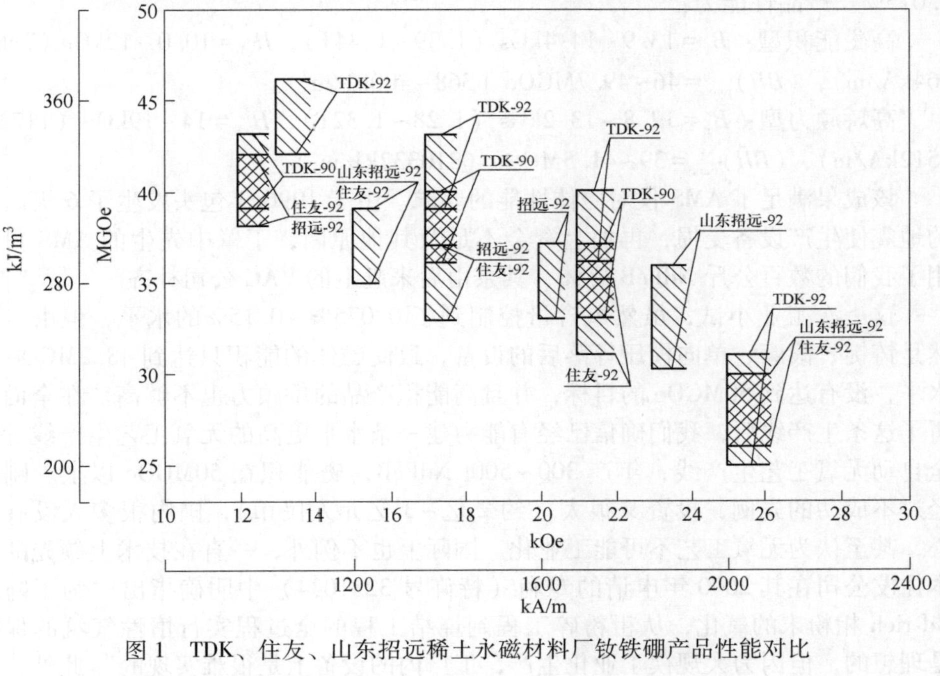

图 1　TDK、住友、山东招远稀土永磁材料厂钕铁硼产品性能对比

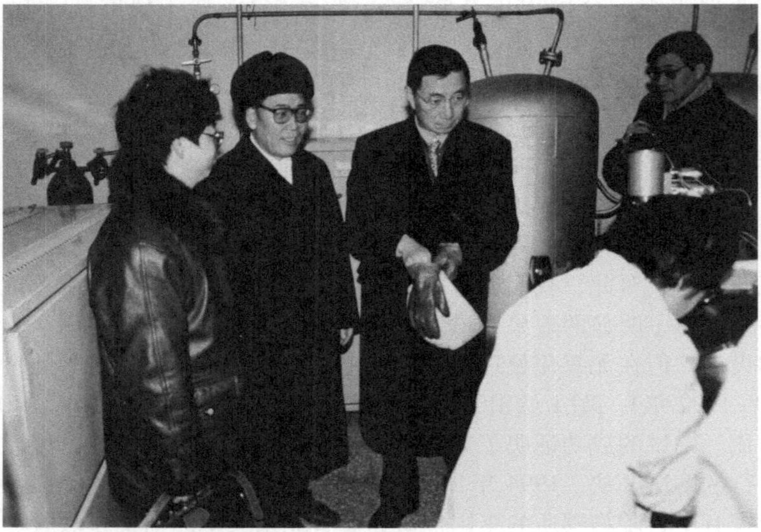

图 2　谢宏祖教授（左二）陪同丁肇中教授（左三）、陈和生教授及戴铁生博士在包头稀土研究院参观无氧工艺生产线

戴铁生博士包头稀土研究院参观无氧工艺生产线时和丁教授与攻关组成员的合影。在这条改进了的生产线上磁体的氧含量已降至 0.15% 以下，最低值为 0.075%。产品性能为：

高磁能积型：B_r = 13.9 ~ 14.4kGs（1.39 ~ 1.44T），H_{cJ} = 10.0 ~ 12kOe（796 ~ 964kA/m），$(BH)_{max}$ = 46 ~ 49.7MGOe（368 ~ 400kJ/m^3）。

高矫顽力型：B_r = 12.8 ~ 13.2kGs（1.28 ~ 1.32T），H_{cJ} = 14 ~ 19kOe（1174 ~ 1512kA/m），$(BH)_{max}$ = 39 ~ 41.5MGOe（310332kJ/m^3）。

该成果满足了 AMS 仪对磁体性能的要求。由于 1996 年包头发生了 6 级以上的地震使生产设备受损，再加上资金不足及其他原因，丁肇中先生的 AMS 仪只用了我们的数百公斤 NdFeB 磁体，其余由后来赶上的 VAC 公司补齐。

这一次工业小试，虽然氧含量控制到了 0.075% ~ 0.15% 的水平，但由于仍然是铸锭、滚磨、单向模压等落后的设备，致使磁体的能积只达到 48.2MGOe 的水平，没有达到 50MGOe 的目标，并且高能积产品的矫顽力也不够高。在全面分析了这条生产线后，我们确信已经有能力建一条水平更高的无氧工艺生产线——全自动无氧工艺生产线，年产 300 ~ 500t NdFeB，磁能积在 50MGOe 以上。刚刚经过不成功的先例，投资又很大（约 2 亿 ~ 3 亿元人民币），国内很多人没有信心，甚至认为无氧工艺不可能工业化。国际上也不例外，一直在技术上领先的日本住友公司在其 2000 年申请的专利（特许号 3231034）中明确指出“为了防止 Nd-rich 相粉末的氧化，从粗粉碎工程到烧结工程的全过程实行惰性气氛的保护是理想的，但因为大规模工业化生产，工厂内的设备上是很难实现的”此外，为了降低磁体中的氧含量，1997 年采用湿法成型的日立金属公司在它的 HiLOP 技术专利中（CN1157992A）承认“将氧含量降到 0.05%～0.25%是可能的，但要降到 0.05%以下是极其困难的”。在国内外都认为不可能的舆论下，我们要建一条全自动无氧工艺生产线的项目受到各方的质疑，工作碰到很大的阻力。恰在此时，1998 年中国稀土学会第三届会员代表大会召开，我在会上发了言，以寻求更多的支持，没想到我的发言在会上反响强烈。周传典理事长当即指出“……建一个 21 世纪稀土高科技工厂，生产强磁材料 NdFeB……实为当务之急”。为了得到更广泛的支持，中国稀土学会又以“稀土专家谢宏祖建议发展我国高性能 NdFeB 产业”为题向中国科技学会发函“——希望中国科协及有关方面予以大力支持，发展该项事业”。周传典理事长担心仅仅呼吁恐怕不能尽快见效，就在当年的 10 月 12 日给山东省李春亭省长写了一封信，请他对在山东烟台进行产业化工作的谢宏祖给予支持。此信由中国稀土学会秘书长刘爱生送到山东。李春亭省长将此信批给副省长韩寓群处理，11 月 20 日，韩副省长将此信转给烟台市任海深书记和杨金镜市长，请他们亲自办理此事，在烟台福山的工作经常受到两位领导的关怀。中国稀土学会也一直关注着烟台无氧工艺产业化的进展，1999 年，当获知国家计委稀土办的稀土示范工程项目后，刘爱生秘书长立刻到烟台福山通知我们申报示范工程项目，从稀土办拿到这个项目后，刘爱生秘书长又和山东省计委组织了立项鉴定。稀土永磁产业化示范工程正式落户烟台。由于资金不足及其他原因，我在立项后不久，便离开福山到开发区。和正海集团合作期间，刘爱生秘书长多次到烟台协调关系，使全自动无氧工艺线得以顺利进行。2002 年 8 月建成了一条全自动无氧工艺生产线，首批产品档次就上到了 50MGOe 的国际先进水平，磁体中氧含量小于 0.05%，解决了国际同行认为极其困难的问题，实现了从粗粉碎工程到烧结工程全过程的惰性气氛保护的理想工艺流程。正海磁性材料有限公司不失时机地将其产品和方法申报了专利，2005 年获专利权，占据了高端市场，实现了 1998 年中国稀土学会第三次全国会员代表大会上领导和与会者们的期望：“……在 1～2 年内建成年产 300t 高性能 NdFeB 的全自动生产线，赶在日本专利即将过期，世界上其他工厂还不能生产高性能 NdFeB 的关键时刻，进入世界市场，……获取最大的经济效益”。

2002 年 12 月初，全国稀土办的专家组首席专家李东英院士与专家组专家刘余九教授、卢忠效教授、王国珍院长等来正海磁性材料有限公司考察全自动无氧工艺生产线（见图 3），给出了“国内领先，国际先进，……甚至在国际上也是一流的”高度评价。此后，中国稀土学会原理事长毕群和学会副理事长、包头稀土研究院院长张安文、包钢副总经理等人来厂视察，表达了对无氧工艺成果产业化的关心，除以上来自全国稀土办、中国稀土学会、包头稀土研究院、包钢以外，还有内蒙古自治区政府，2005 年，自治区政府科技厅成果处处长巴特尔来到烟台，和我商讨推选当年院士提名事宜。我这个“旅居山东”的内蒙古人永远不会忘记内蒙古人民对我的关怀。

图3　谢宏祖教授（左一）陪同李东英院士（右二）、卢忠孝教授（右一）、刘余九教授（右三）、王国珍院长（左二）参观正海全自动无氧工艺生产线

无氧工艺技术发展的简明编年史

摘　要：本文作者以无氧工艺技术发明人的身份，简单地介绍了他和他的团队，怎样一步一步地解决了工艺过程无氧化的技术问题，最终实现了无氧工艺的产业化，使磁体的氧含量小于0.04%，世界领先，为NdFeB的工业生产提供了最先进的工艺技术。本文的目的是为研究中国科技发展史的人，提供一些基本数据。

（1）20世纪70年代：作者在研究20~750℃范围内$SmCo_3$合金的相变及矫顽力机制时，就注意到磁体中的氧，对低矫顽力相的析出有重要作用，也就是它，对矫顽力的大小和工艺的稳定性有着重要作用。适当地提高合金配比中的Sm含量，就可抑制低矫顽力相的析出，既保证了矫顽力的大小不变，又稳定了工艺。但Sm含量的增加使剩磁B_r有所下降。对提高磁能积不利。最好的办法是降低磁体中的氧含量。无氧工艺的思想就此萌发。在工艺实践中，由于资金的匮乏，只能就最明显的地方进行一些防护，即便如此，仍然取得了好成绩。获得了磁能积20MGOe的Sm-Co磁体和24MGOe的PrSmCo磁体。

（2）20世纪80年代中期：1983年底，开始研发NdFeB磁体，随即碰到NdFeB的粉末比SmCo磁体的粉末更容易氧化的问题。决定建立手套箱，在抽真空并充高纯氩气的无氧条件下，对NdFeB磁体粉末进行干燥处理，同时装入橡皮模具中，在氩气保护下进行等静压成型。取得了明显的效果。磁体性能一路上升，到1984年5~6月时，磁体性能已达42MGOe的国内领先水平，和国外最高实验室数据45MGOe接近。

这个手套箱的技术特点是：有一个巧妙的手套安装设计，使手套箱可以抽真空到10^{-3}~10^{-4}torr的真空度，并充入氩气，手套用起来很方便。为了更好地防氧化，箱体的漏气率要达到约10^{-5}torr·L/s的超高真空水平。

（3）20世纪80年代中后期：1987~1989年，在国产压机上，成功地解决了模压成型时的压机密封问题，第一次实现了从粗粉碎到烧结的全过程的惰性气氛保护，达到了对工艺过程无氧化处理的目的。生产出了磁能积52.2MGOe的NdFeB磁体。超过了日本住友50.6MGOe当时的世界纪录，居国际领先水平。磁体中的氧含量已降至0.3%左右。

需要指出的是，我们采取的密封方法的特点是：被密封的空间是取向电磁铁的两个线包之间的狭小空间，宽不过30~50cm，极头可以自由移动。漏气率仍达到~10^{-5}torr·L/s的超高真空水平，真空度达到10^{-4}torr高度。

（4）20 世纪 90 年代：1991~1994 年，我们将无氧工艺推向工业化，在山东招远建立了第一条中试线。对前述压机密封箱体进行修改，首次设计出了适合工业生产的压机密封箱体。至此，无氧工艺产业化的重大技术问题基本解决。1995~1997 年，在招远厂的基础上，进一步完善防氧化措施，建成了一条氧含量控制在 0. 075%~0. 15%、年产 30t 规模的 NdFeB 中试生产线。产品性能提升到 48~50MGOe 的世界先进水平，满足了对丁肇中教授的 AMS 的供货要求。

（5）21 世纪初世界领先的全自动无氧工艺生产线建成：1998~2002 年，在前两次中试的基础上，为了使无氧工艺的优越性得到更大的发挥，决定再建一条全自动无氧工艺生产线。2002 年，在烟台正海建成了这条世界第一条全自动无氧工艺生产线，年产能力为 500~1000t 规模的 NdFeB 产品。磁体中的氧含量被控制在 0. 01%~0. 04%和 0. 04%~0. 09%的范围内。这是人们第一次在工业规模的大工厂内达到的水平。破除了一段时期以来，在国内外业界流传的在工业规模的大工厂内不可能将磁体的氧含量降至 0. 05%以下的迷信。

同期，在国际上，日立发明的 HLYP（日立低氧工艺技术）只将磁体氧含量降至 0. 1%~0. 2%，对比之下，无氧工艺技术明显优于日立的低氧工艺技术。

全自动无氧工艺生产技术已于 2002 年以含微量氧的 NdFeB 磁体及其生产方法申报国家专利，并获专利权。中国有了自己的 NdFeB 生产技术。

无氧工艺命名的合理性

2001 年

首先，一个工艺的名称应该能从字面上清楚地反映出该工艺的特点。使人一听或者一看，立刻知道该工艺的特点是什么，与以往工艺或者与其他工艺的不同点是什么。例如，真空冶炼，让人一看就知道冶炼是在真空或者在惰性气氛的保护下进行的；为大家所熟知的无氧铜，让人一看就知道这是在惰性气氛中生产的铜，而不是铜中无氧，它只是明确了与以往的生产工艺不同。所以，我们把自己发明的生产高档 NdFeB 的工艺命名为无氧工艺是合乎常理的。因为无氧工艺是指生产工艺的全过程要在无氧的惰性气氛的保护下进行，所以，它的工艺设备和物料传输都要进行真空的连续化处理，这使生产设备发生变化，有了重大改进，和以往的明显不同，惰性气氛的氧含量只有百分之零点零零零几，几乎为零，保护也是全程的连续的，不是局部的和断续的。最终磁体的氧含量可以小于 0.4%。相反，其他的低氧工艺如日本住友的粉末表面变性技术，日立的湿法低氧工艺都只是在磁体粉末中加入另外一种有机物质（防氧化剂、矿物油等），磁体中的氧含量没有小于 0.1%的，两相比较，我们的工艺和以往的低氧工艺有着质的区别，所以名称亦不应雷同。

其次，关于无氧的物理理解问题，“有”和“无”在数学和物理学上是对立的两个概念，“无”就是什么也没有，是“0”，是“空空如也”，不能有丝毫的含混。但是，在技术物理中，在技术层面上讲，情况完全不同，“无”并不意味是“0”，或“空空如也”，而是以对某个事物、某个过程、生命，以及环境等的影响很小很小，以致可以忽略不计其影响而视其为“无”。这样的实例很多。例如，无菌室、无毒、无害、真空等。无氧工艺只是一个技术术语，不是物理术语，它的理解也只能在技术物理的范畴内去理解。事实上日立公司已将它的湿法工艺命名为低氧工艺，磁体中氧含量大于 0.1%，因氧含量引起的 B_r 的下降大于 180Gs，氧对磁体性能的影响是明显的。不能视作“无”，只能以“低”相称。与之相比，我们的工艺使磁体中的氧含量小于 0.1%，接近工艺技术可能达到的极限。因氧引起的 B_r 下降小于 72Gs，氧含量对磁体性能的影响可以说已微不足道，实际上用目前的直流磁测仪已分辨不出这种差别来。另外磁体中的其他杂质，如碳、氮等的含量（各约 0.1%左右）已大于氧含量，它们的作用掩盖了氧的作用，从对磁体性能影响的角度看，我们的工艺生产的磁体亦可视为无氧。所以，仅以磁体中的氧量高低而论，当日立公司已将它的湿法工艺命名为低氧工艺的时候，我们将我们的工艺命名为无氧工艺也是合适的，并无不妥。

第三，把无氧工艺称为低氧工艺是不恰当的，喜欢低氧叫法的人们的解释是指磁体中的氧含量不可能为零。这一点前边已说清楚了，这是由于他们混淆了技术物理与物理学的概念不同造成的。此外，如果把无氧工艺叫做低氧工艺，那么所有的 NdFeB 磁体的生产工艺都可以叫低氧工艺，而且还会引起不必要的混乱。事实上，如果前一个公司把自己的工艺命名为低氧工艺的话，后来者将无所适从，例如，住友的添加防氧化剂的工艺相对于它之前的工艺明显降低了磁体的氧含量，所以应该叫住友低氧工艺，但是，日立的湿法工艺使磁体的氧含量又降低了一步，该工艺如果叫日立低氧工艺的话，那么住友的工艺该叫什么。我们的无氧工艺使磁体的氧含量更低，如果把我们的工艺叫低氧工艺，那么日立的湿法工艺又该叫啥。所有的工艺都叫低氧工艺，这既抹杀了各工艺的特点又抹杀了工艺的进步。在文献资料中也将一片混乱而不知所云。所以，工艺方法的命名不必唯磁体中的氧含量的“高低”而杯葛不休。承认客观事实这才是最重要的。无氧工艺是否真正在技术物理的范畴内做到了“无”的地步。如果是，那就只能承认我们把自己的工艺命名为无氧工艺是正确的。人们最关心的是产品性能而不是其中的氧的高低。住友的添加防氧化剂的表面变性技术使磁体性能较之先前提高了一步，日立的湿法工艺又使磁体性能提高一步，我们的无氧工艺使磁体的性能再上一个台阶，一步比一步高，技术也一步一步在前进。此外，这些工艺除影响磁体中的氧含量以外，还一步一步地改善了生产过程和磁体的其他方面，如取向度、回收率等这些与氧无太大关系的方面。工艺的影响是多方面的，全方位的。实事求是地讲，无氧工艺的命名恰恰反映了从低氧到无氧的技术进步这一客观事实，所以无氧工艺的命名是正确的、恰当的。

无氧工艺的命名是从客观实际出发的，有科学依据的一个命名。

专 利

含微量氧的钕铁硼磁体及其生产方法

权利要求书

（1）一种各向异性烧结 R-(Fe,TM)-B-X 磁体，特征在于：其中 R 指稀土元素 Nd、Pr、Tb、Dy 中的至少 1 种，其总量为：26%（质量分数）<(Nd、Pr、Tb、Dy)<30%（质量分数）；其余稀土元素由原材料带入，总量不超过 1%（质量分数）。

TM = Ti、V、Cr、Mn、Co、Ni、Ga、Ca、Cu、Zn、Si、Al、Mg、Zr、Nb、Hf、Ta、W、Mo 中的至少 1 种：

X = O、C、N；

0.01%<O<0.09%，N<0.03%，C<0.1%。

（2）权利要求（1）所指的永磁体，其特征在于磁体中的 Dy、Tb 含量的总和<1%（质量分数），氧含量在 0.01%<O<0.04% 范围内，磁体的 $(BH)_{max}$ ≥50MGOe、H_{cJ}≥11kOe。

（3）权利要求（1）所指的永磁体，其特征在于磁体中的 Dy、Tb 含量的总和<2%（质量分数），氧含量在 0.04%<O<0.09% 范围内，磁体的 $(BH)_{max}$ ≥48MGOe、H_{cJ}≥14kOe。

（4）权利要求（1）所指的永磁体，其特征在于磁体中的 Dy、Tb 含量的总和 1%（质量分数）<(Dy、Tb)<4%（质量分数），氧含量在 0.01%<O<0.04% 范围内，其磁体的 $(BH)_{max}$ ≥45MGOe、H_{cJ}≥17kOe。

（5）权利要求（1）~（4）中磁体的生产方法，其过程为：将纯度大于 99%（质量分数）的原材料，按比例配好，在 500kg/次的带坯连铸炉（strip casting）内熔化，以0.5~5m/s 的辊速浇铸成合金片，合金片厚度为 0.2~0.5mm；合金片进入连续式氢处理炉内进行氢粉碎，并在 600℃ 以下的温度脱氢至氢压小于 10Pa；氢碎之后，在氧含量近于 0% 的 Ar 气或 N_2 气气氛保护的无氧环境下，送入中磨机再粉碎至粒度小于 0.5mm，再经气流磨进行微粉碎，并分级以调整粒度分布；在氧含量近于 0% 的 Ar 气或 N_2 气气氛保护的无氧环境下，进入完全密封的并通入氧含量近于 0% 的 Ar 气或 N_2 气气氛保护的无氧环境下的磁取向成型装置中成型，自动进料，自动取料；然后在氧含量近于 0% 的 Ar 气或 N_2 气气氛保护的无氧环境下进入烧结炉烧结，最后经过时效制成磁体。

说 明 书

含微量氧的 R-Fe-B 系烧结磁体及其制造方法

技术领域：本发明属于稀土永磁材料领域。主要涉及高品质烧结 R-Fe-B 系磁体及其制造方法。

背景技术：高品质 R-Fe-B 系磁体可使磁体器件小型化、轻量化、高性能化，近些年来，其需求量不断增加，高品质 R-Fe-B 系磁体的研发也颇受重视。

现有技术中，都把氧作为最有害的杂质元素排除在磁体成分之外，于 2014 年到期的住友特殊金属株式会社在美国的专利 US 5645651 将三个气体元素 H、N、F 包含在磁体成分中，唯独没有把氧作为成分元素。所有 R-Fe-B 系磁体生产工艺几乎都把降低磁体中的氧含量作为工艺设计的第一位考虑，随着氧含量的降低，磁体性能不断提高。目前多采用干式法和湿式法制造烧结 R-Fe-B 系烧结磁体。日本住友特殊金属株式会社采用干式工艺（图 1）：1 原材料→2 铸成鳞片→3 氢粉碎→4 中磨→5 气流磨→6 混料→7 公知技术成型→8 烧结→9 时效→10 加工、检测。在粉碎工段采用防氧化剂、分散剂、润滑剂等方法，实现了生产工艺过程中降低氧含量的目的，并采用公知的、无惰性气氛（包括 N_2 在内）保护的成型技术生产出了高品质磁体。但氧含量不够低且分散度大，其氧含量在 0.29%~0.53%的范围内，见日本专利第 3231034 号。

日立金属株式会社采用湿式工艺（矿物油作保护介质），得到了低氧高品质 R-Fe-B 系磁体，磁体中氧含量在 0.12%~0.20%之间。见日本专利（特开平 11-97223）。但制造工艺复杂、工序繁多（如必须有脱油工序等）。

另外，使用现在技术的干法制造烧结 R-Fe-B 系磁体的工业生产很难实现将氧含量降至 0.12%以下。

发明内容：现有技术都把氧作为一种有害元素，在生产高品质稀土磁体时尽量减少其在稀土磁体中的含量，由于技术问题其氧含量一直大于 0.15%，因此未发现氧的有益作用。本发明采用可控加氧的工艺技术，使氧在磁体中的含量小于 0.10%以后，氧的有害作用已降至微不足道，特别是降至 0.08%以下时，此时氧对磁体的有利作用就明显上升，本发明通过从冶炼工程到烧结工程的全过程的设备组合、改造，实现了在氧含量近于 0%的 Ar 气或 N_2 气气氛保护下的无氧环境中的 R-Fe-B 永磁体的工业生产。其生产流程（图 2）为：1 原材料→2 铸成鳞片→3 氢粉碎→4 中磨（有控制的加入氧气）→5 气流磨→6 混料→7 全密封的并通入氧含量近于 0%的 Ar 气或 N_2 气保护的磁取向成型装置中成型→8 烧结→9 时效→10 加工、检测。磁体中的氧含量小于 0.09%，并且可控制在 0.01%~0.04%、0.04%~0.09%的范围内，生产不同等级的含有微量氧的高品质 R-Fe-B 磁体。

由于采用了全密封的并通入氧含量近于0%的 Ar 气或 N_2 气保护的磁取向成型装置，实现了从氢粉碎到烧结炉的整个物料流动过程的无氧环境，阻止了氧与磁体粉末的结合，使最终的烧结磁体的氧含量小于0.04%；并通过在中磨过程中有控制地加入氧气，可以实现0.04%~0.09%范围内的不同氧含量档次的烧结 R-Fe-B 系磁体的制造。

本发明的含微量氧的 R-Fe-B 系磁体及其生产方法具有如下的优点：

（1）磁体中的稀土总量小于30%（质量分数），大于26%（质量分数），降低了昂贵的稀土总量的消耗，特别是重稀土的用量减少了约30%。

（2）容易生产出 $(BH)_{max}$=400kJ/m^3(50MGOe) 以上的高品质 R-Fe-B 系磁体。

（3）大幅度降低烧结温度，可在800~1050℃的温度进行烧结。

（4）增加0.03%~0.04%左右的氧可以使方形度提高。

实施例1~7：根据烧结磁体成分(重量百分比) $Nd_{21-x}Pr_8Dy_xCo_{2.5}Cu_{0.2}Ga_{0.2}B_1Nb_{0.2}Fe_{余量}$（实施例5~7中 $x=0\sim1$；实施例1~4中 $x=0\sim2$），先将纯度大于99%（质量分数）的原材料按比例配好，在500kg/次的带坯连铸（strip casting）冶炼炉内熔化，以每秒0.5~5m的辊轮的线速度，进行鳞片浇铸，最终得到0.2~0.5mm厚的鳞片，送入连续式氢粉碎处理炉进行氢粉碎。首先在90kPa的氢气压力下吸氢1~4h，然后在200~600℃的温度范围内真空脱氢6~8h，达到10Pa以下，最后冷却6~8h，氢粉碎后的碎粒在氧含量近于0%的 Ar 气或 N_2 气气氛保护下的无氧环境下送入中磨粉碎机进行粉碎，并在中磨过程中有控制地加入氧元素，以控制磁体的最终氧含量，中磨后颗粒小于0.5mm，进入气流磨进行微粉碎并分级调整粒度分布，最终获得分布极窄的，范围可调的 R-Fe-B 粉末，平均粒径 $d=2\sim4\mu m$，经过氧含量近于0%的 Ar 气或 N_2 气气氛保护下的无氧环境进入全密封的并通入氧含量近于0%的 Ar 气或 N_2 气保护的磁取向成型装置中进行成型，自动进料，自动取出，压力300~500kg/cm^2，取向场（2~6）×10^4Oe，压机中的氧浓度小于0.01%，最后经过氧含量近于0%的 Ar 气或 N_2 气气氛保护下的无氧环境进入烧结炉，进行（800~1050）℃×(1~4)h 的烧结，快冷，然后进行900℃×1h 和（450~600）℃×(1~6)h 的时效处理，取出，机加工充磁及处理，测定结果示于表1、表2。

表1　磁体的组成和磁特性

实施例	磁体组成（质量分数）/%				B_r/kg	H_{cJ}/kOe	$(BH)_{max}$/MGOe
	Nd+Pr+Dy	O	C	N			
1	28.34	0.0764	0.0233	0.0595	14.77	14.66	50.29
2	28.21	0.0750	0.0220	0.0450	14.45	14.45	50.50
3	28.05	0.0738	0.0232	0.0594	14.39	15.35	49.44
4	28.05	0.0735	0.0232	0.0594	14.38	15.35	49.53

表 2　磁体的组成和磁特性

实施例	磁体组成（质量分数）/%				B_r/kg	H_{cJ}/kOe	$(BH)_{max}$/MGOe
	Nd+Pr+Dy	O	C	N			
5	28.21	0.0272	0.0392	0.0436	14.78	12.43	51.6
6	28.41	0.0280	0.0392	0.0436	14.64	12.92	51.46
7	28.67	0.0367	0.0338	0.0675	14.46	13.33	50.30

从表 1 可以看出，氧含量控制在 0.04%~0.09%范围可稳定地得到 $(BH)_{max}$ ≥48MGOe、H_{cJ}≥14kOe 的磁体（实施例 1~4）；从表 2 可以看出，氧含量控制在 0.01%~0.04%时可稳定地得到 $(BH)_{max}$≥50MGOe　H_{cJ}≥11kOe 的磁体（实施例 5~7）。显然按本发明的方法，可根据要求制作均一性很好的高品质磁体。

实施例 8~9：实施工艺和实施例 1~4 相同，但氧含量控制在 0.04%~0.09%。测定结果示于表3。从表3 可以看出，氧含量控制在0.04%~0.09%，可以得到高 $(BH)_{max}$、高方形度（H_k/H_{cJ}）的高品质磁体。

表 3　氧含量与 H_k/H_{cJ} 的关系

实施例	O 含量/%	B_r/kg	H_{cJ}/kOe	H_{cB}/kOe	H_k/kOe	H_k/H_{cJ}	$(BH)_{max}$/MGOe
8	0.0770	14.38	14.59	13.52	14.18	0.97	49.48
9	0.0750	14.50	14.54	13.60	14.06	0.96	50.35

实施例 10~11：实施工艺同实施例 5~7，但对组成为 $(Nd_{21-x}Pr_8Dy_x)Co_{2.5}Cu_{0.2}Ga_{0.2}B_1Nb_{0.2}Fe_{余量}$（$x$=1~4）中的 x 值在 1~4 之间进行调整，如表 4 所示的值时，可获得高磁能积、高矫顽力磁体，测定结果示于表 4。由表 4 可以看出，$(BH)_{max}$数值+H_{cJ}数值≥66。

表 4　高磁能积、高矫顽力磁体

实施例	x 值	O 含量/%	B_r/kg	H_{cJ}/kOe	$(BH)_{max}$/MGOe
10	1.2	0.0260	14.22	17.0	49.5
11	3.0	0.0320	13.60	22.0	45

图 1 是当前干式法工艺流程图，图 2 是本专利无氧工艺技术的工艺流程图。

说明书附图

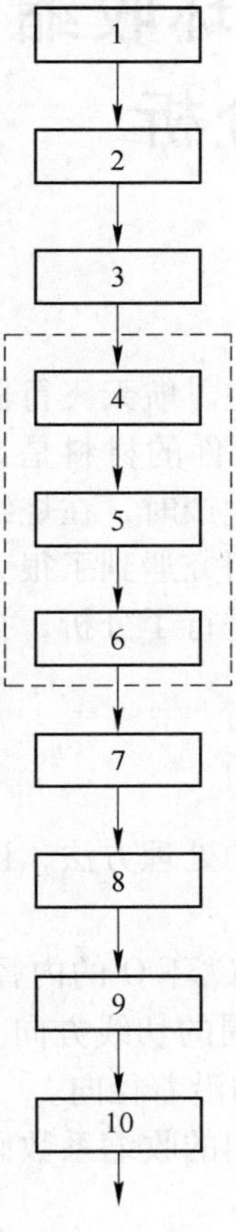

图 1

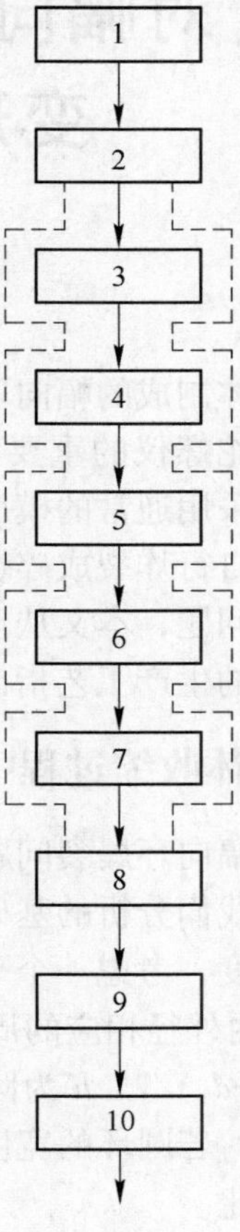

图 2

对幅向取向 $SmCo_5$ 磁环收缩变形行为的理论分析

0 引言

用永磁体制成的幅向取向磁环是导弹、飞机等航空、航天飞行器导航系统的第二代桡性陀螺仪的重要元件。目前最适合作这种元件的材料是 $SmCo_5$ 永磁材料，但是，采用通常的模压成型，液相烧结工艺进行生产时，在烧结后的降温过程中，磁环自行炸裂成碎块，致使第二代导行系统的研究遇到了很大的困难。为了解决这一问题，本文从理论上对其发生爆裂的原因进行了分析，找到了变形的规律，为新的生产工艺指出了方向。

1 环状物体收缩过程中的变形问题

为了对幅向环爆裂问题进行分析，我们采用简单的处理方法，证明了两个关系式，作为我们分析的基础。

忽略厚度，考虑一个平面圆环。设 d_1、d_2 分别为磁环 O 的内径和外径，m、n 分别为与内外径相应的周向收缩系数，方向为沿圆周的切线方向。S 为圆环宽度，即 $(d_2-d_1)/2$，h 为圆环宽度的收缩系数，其方向沿着径向。

公式Ⅰ：若圆环的宽度 S 在收缩前后不变，则周向的收缩系数必不相等，且与直径成反比。

证明：(1) 当一个圆的周长因收缩变短时，其直径亦变小，令 η 为周长的收缩系数，D 为直径，L 为周长。则

因为 $$L=\pi d$$

所以 $$\Delta L=\pi\Delta d$$

所以，当 $L\rightarrow L-\Delta L=(1-\eta)L$ 时，亦有 $d\rightarrow(1-\eta)d$ 成立。

(2) 按题设，收缩前后，环宽 S 不变，则有

$$(d_2-d_1)=2S=d_2(1-n)-d_1(1-m)=(d_2-d_1)+(md_1-nd_2)$$

所以 $$md_1-nd_2=0 \quad 成立$$

所以 $$\frac{m}{n}=\frac{d_2}{d_1}>1 \qquad 即定理成立$$

以上为了讨论方便，我们假设 S 不变，即 $h=0$，证明了公式Ⅰ，事实上，$h\neq0$，那么公式Ⅰ将变成具有普遍意义的下式。因此

$$d_2(1-n)-d_1(1-m)=2S(1-h)=(d_2-d_1)(1-h)$$

应该成立，所以，下式

$$\frac{m-h}{n-h}=\frac{d_2}{d_1}>1 \quad \text{成立}$$

由此可见，公式Ⅰ的结果是有代表性的。它表明沿着圆环半径，从内向外，在不同的半径处，周向收缩系数也不相同，且随着半径的增大而反比例地变小。当 $h \neq 0$ 时，$(m-h)$ 与 $(n-h)$ 与其相应的直径成反比变化。随直径增大而变小。在收缩过程中，不同的直径应该有不同的收缩系数，直径越大，收缩系数越小。对 $SmCo_5$ 来讲，热膨胀系数 $c_{/\!/}$ 与 $c_{\perp}$ 相差很大，而且是两个固定值，对其中任何一个，不可能通过工艺手段使其沿半径变化。所以 $SmCo_5$ 合金不适合做幅向磁环。

公式Ⅱ：若沿着直径，周向的收缩系数是不变的常数，即均匀的，也就是 $m=n$，则圆环的宽度必按同一系数收缩，即 $m=n=h$ 成立。

证明：令收缩前后，圆环的宽度分别为 S 和 S'，则因

$$\begin{aligned}2S' &= d_2(1-m)-d_1(1-m)\\ &= (d_2-d_1)\cdot(1-m)\\ &= 2S(1-h)\\ &= (d_2-d_1)\cdot(1-h)\end{aligned}$$

所以，$m=h$，也就是 $m=n=h$ 成立。

以上公式Ⅱ表明，适合作幅向磁环的圆环材料的热膨胀性应该是各向同性的。像 CeCoCuFe 合金就是这样，它的两个热膨胀系数相等。

2 幅向取向和轴向取向两种磁环在烧结过程中的不同行为

根据以上证明的两个关系式，幅向取向和轴向取向的两种磁环，在烧结时为何有不同的行为，便不难理解了。

由于磁场的取向作用，$SmCo_5$ 粉末晶粒的易磁化轴，c 轴，将沿着磁场方向排列，因而造成磁体本身的物理性能是各向异性的。例如，热膨胀系数 c，沿着 c 轴的方向，即 $c_{/\!/}$ 与垂直 c 轴的方向上的 $c_{\perp}$ 之间差别就很大，$c_{\perp}=12.8\times10^{-6}$℃，而 $c_{/\!/}=5.6\times10^{-6}$℃。正是这种外磁场的取向作用，使幅向取向磁环和轴向取向磁环有了不同的晶向排列。对轴向取向磁环，c 轴垂直于环面，因而，在环面内的热膨胀系数只有 $c_{\perp}$，是各向同性的。在烧结之后的冷却过程中，磁环的收缩满足公式Ⅱ的条件，而两个端面形成了自由端，所以，磁环不会发生断裂。

对幅向取向的 $SmCo_5$ 磁环，晶粒的易 c 轴，沿着半径，呈辐射状，均匀分布。在环内的任何一点上，c 轴都和过该点的圆周切线相垂直。这就形成了在圆环的宽度方向，热膨胀系数 $h=c_{/\!/}=5.6\times10^{-6}$℃，而在半径方向，周向收缩系数

$m=n=c_{\perp}=12.8\times10^{-6}$℃，与半径大小无关，是一常数，不符合公式Ⅰ的要求，所以，在烧结过程中将会发生断裂。工艺实践正是这样。

为了证明公式Ⅰ和公式Ⅱ的正确性，我们选用了热膨胀系数是各向同性的CeCoCuFe合金制成了幅向取向的磁环，用未经磁场取向的，粉末颗粒混乱排列的$SmCo_5$合金，满足了热膨胀系数各向同性的条件后，采用同样的液相烧结工艺，也做成了完整的磁环。实验结果证实了公式Ⅰ和公式Ⅱ的正确性。

在上述公式的指引下，通过添加合金元素Cu，改善$SmCo_5$合金的两个热膨胀系数，使其尽量接近。同样获得了成功。两个热膨胀系数越接近，磁环内残存的内应力越小，磁环越结实。使用寿命越长。Cu的加入使磁体性能下降。对要求更高性能的幅向取向$SmCo_5$磁环，我们在工艺上采取了下列办法，磁环成型时在径向留一长度和磁环宽度一样，约0.1~0.2mm宽的小口子，造成一个人为的自由端，保证了磁环在烧结之后，不再发生断裂。最后用相同磁块镶填并加工成产品。我们用这样的方法，制成了用户满意的磁环，保证了第二代导航仪的研制成功。

（本文曾被收入“冶金部第一届永磁材料经验交流会”论文集，1979年，安徽，休宁。这次公开时，进行了一些修改。）

生产丁肇中教授 AMS 仪用材的回顾

☆ 20 世纪 80 年代末，我们包头稀土研究院 NdFeB 攻关组解决了压机的密封方法。之后，建成了一条无氧工艺试验线，磁体中的氧含量降到了 0. 2%，研制成功磁能积 52. 2MGOe 的 NdFeB 磁体。图 1 为由中国计量科学院测绘的该磁体的退磁曲线。这一数值超越了当时日本住友保持的 50. 6MGOe 的世界最高水平。圆满完成了国家“七五”重大科技攻关项目下达的任务。为了使无氧工艺产业化，我们再次改进压机的密封方法，使其适合工业生产，并于 1991 年在山东招远建成了一条年产 45tNdFeB 的无氧工艺中试生产线。产品的能级达到 40 级，和当时日本住友、信越、TDK 及德国 VAC 等公司的水平相当，为世界先进水平。图 2 给出了山东招远产品的性能列表及与其他公司的性能对比图。1993 年 12 月，由冶金工业部科技司和山东省科委对山东招远无氧工艺中试线进行了联合鉴定，由中科院物理所李国栋研究员、北京大学物理系何文望教授、北京科技大学周寿增教授、中国稀土学会刘爱生秘书长和包头稀土研究院马鹏起院长等组成的专家组充分肯定了招远线的成功，并指出无氧工艺是生产高性能 NdFeB 磁体的最佳工艺方法。建议在总结招远生产线的基础上，再建一条新生产线，生产 50MGOe 的

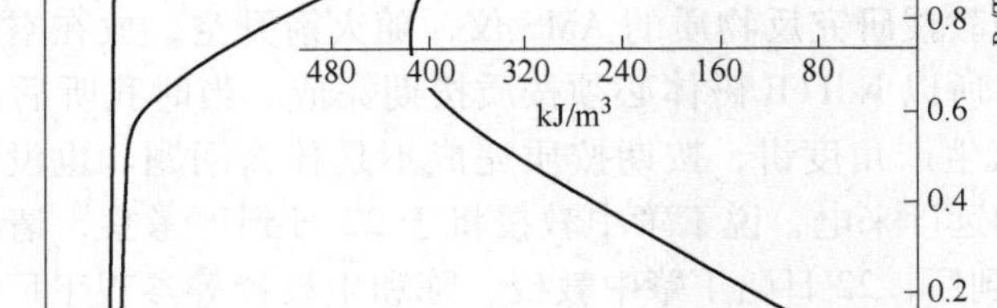

图 1　包头稀土研究院 52. 2MGOe 磁体的退磁曲线（中科院计量院提供）

B_r = 1. 474T（14. 74kGs）；H_{cJ} = 665. 8kA/m（8. 36kOe）；$(BH)_{max}$ = 415kJ/m^3（52. 2MGOe）

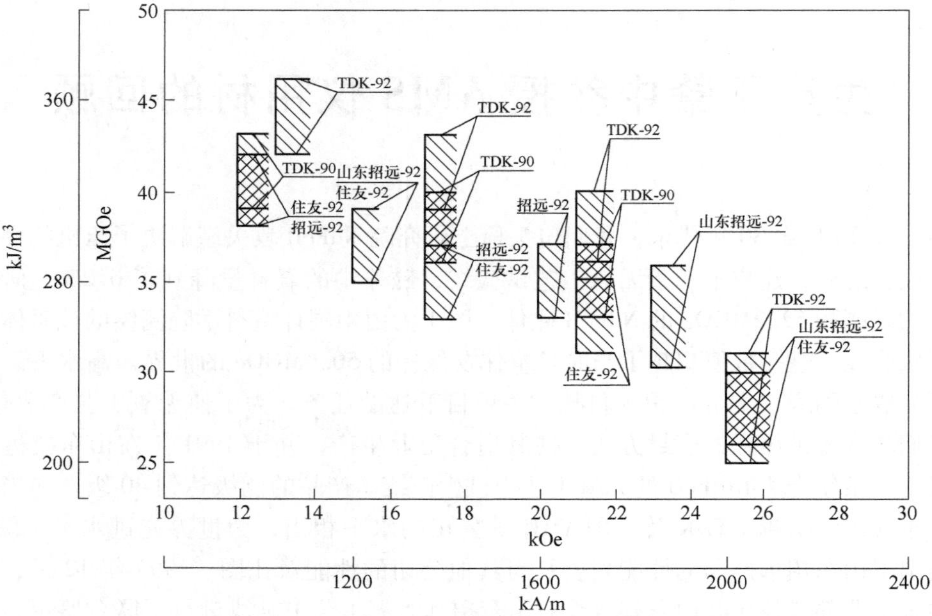

图 2　招远厂 NdFeB 产品性能表及与其他公司产品的对比

NdFeB 磁体，这是一档当时国内外还没有的产品。马鹏起院长当即决定该线建在包头稀土研究院。招远线的技术继续由包头稀土研究院张瑾负责，我回包头稀土研究院负责建生产 50MGOe 的新生产线。鉴定会后，我当即返回包头稀土研究院，为这条 50MGOe 的无氧工艺生产线忙碌起来。

☆ 1994 年的 3 月，包头稀土研究院的张利生给我来电话说：“中科院电工所有人需要 40~42MGOe 的 NdFeB 磁体，3t，1997 年交货，能否供货”。我说：“让他们直接去招远厂订货就可以了”，没当回事，以为只是一个普通订货，招远厂有能力完成。1994 年 7 月，电工所派人到了招远厂考察工厂的实际情况，并说明磁体用于丁肇中教授研究反物质的 AMS 仪，随火箭升空，放在空间站上，火箭发射日期已定，所以 NdFeB 磁体必须按质按期完成。当时我听后认为这次订货意义重大，但从生产角度讲，按期按质完成不是什么问题。也没当回事。1994 年 10 月 18 日招远厂来电，说丁肇中教授将于 22 日到厂考察，请我立即回厂接待。我于 21 日到厂，22 日陪丁肇中教授、陈和生教授等参观工厂，期间，丁教授突然说，他要 50MGOe 的产品，问我能不能生产出来。我当即回答“能”。丁教授当即请我 24 日到济南他的住处详谈。在济南，我从技术理论和我们的实践经验，以及与国外的相关数据的对比等几方面的数据分析，详细论证了完成 50MGOe 产品的可能性，并介绍了我们当前正在筹建的 50MGOe 产品生产线的情况，当天签订了一个供货协议。对产品的技术指标要求是：

A 类：$B_r \geq 13.6$kGs，$H_{cJ} \geq 12.0$kGs，$(BH)_{max} \geq 45$MGOe。

B 类：$B_r \geq 14.0$kGs，$H_{cJ} \geq 8.0$kGs，$(BH)_{max} \geq 48$MGOe。

同时，我也谈到我们目前的最大困难是资金问题。丁教授答应他回北京后找邹家华副总理协调解决。之后，我回到包头稀土研究院，向院领导作了汇报，继续为生产线的建设忙碌。从技术的角度讲，这两档产品包头稀土研究院是可以完成的，第一，A 类产品的技术指标十分接近招远厂的产品性能，只是剩磁 B_r 略低，约 300~500Gs，提高 B_r 并不难，只要将磁体的氧含量，从招远厂产品的现有水平 0.30%~0.40%降低到 0.10%，磁体的剩磁 B_r 就可提升 800~1000Gs，这就同时满足了上述 A，B 两类产品的技术要求，这正是我们在包头稀土研究院已开建的 50MGOe 生产线要达到的目标。第二，对 B 类产品，合同要求的矫顽力 H_{cJ}，很低，只有 8kGs，这样，只要我们将 A 类产品的成分调整，使其矫顽力 H_{cJ}，下降 4000Oe，磁体的剩磁 B_r 又可增加 300~400Gs，这就满足了产品磁能积达到 48MGOe 以上时，磁体的剩磁 B_r 应该具备的条件（B_r 的值达到 14000Gs 左右）。降氧，在当时的包头稀土研究院的设备条件和经济条件下，是唯一可做的，但也是可以做成的事。完成上述合同应该是可行的。最终需要的磁体性能，只有等中科院电工所的夏平畴教授的具体设计出来后才能定下来。所以，这个协议，只是一个我们答应的，我们可以达到的磁体的技术指标。

1995 年 2 月初，我应 AMS 仪磁体设计负责人、中科院电工所的夏平畴研究员的邀请，去北京讨论工作协调问题。经过讨论，按他的初步设计，对我们既将提供的 NdFeB 磁体增加了更高的要求，不仅要高能级而且要高矫顽力，几乎超出了我们的设备能力。

商谈结果为：

A 类：$B_r \geq 14.5$kGs，$H_{cJ} \geq 8.5$kOe，$(BH)_{max} \geq 50$MGOe。

B 类：$B_r \geq 14.0$kGs，$H_{cJ} \geq 10$kOe，$(BH)_{max} \geq 48$MGOe。

对我们当时的设备条件来讲，完成这档产品的确是很困难的。由于资金不足，我们的取向场只能作到 1.2~1.5T，而制粉只有滚磨机，对这样的生产线来讲，的确很困难。要更换设备，需购置取向场 2T，极间距 200mm 的直流大电磁铁、气流磨及相关配套设备，我们既没有钱，时间也不允许。我们心知肚明，但没有办法，只能走充分挖掘技术上的潜力这一条路，迎难而上，另外就是发挥无氧工艺的优势，采取技术措施，进一步降低磁体中的氧含量。提高主相的体积分数，以提高剩磁 B_r，同时也就提高了磁能积。经过精心调试后，磁体中的氧含量降到了 0.075%~0.15%的水平。这在一定程度上弥补了取向场的不足。为了不降低剩磁或尽量少降低剩磁，而大幅提高矫顽力，我们必须进行新的研究，寻找新的工艺方法，这就是后来人们熟知的改变晶界相性质的方法。我们的工作从一开始，就不是普通的生产，而是研发工作。要花很大的时间和精力在研发上去发明和创建新的工艺方法。经过努力，我们取得了一定进展，这就使我们有可能完成任务。1995 年 10 月 5 日，生产线建成投产。试运行后，于 11 月生产出磁能积 47. 5MGOe，矫顽力 10. 5kOe 的 NdFeB 磁体。这就是合同要求的 B 类磁体。从 1994 年 10 月到 1995 年 11 月的一年内，从无到有，我们用很落后的设备生产出了国内外还没有的高能级产品。结果虽不是很理想，但已进入了 50MGOe 的目标线。丁教授听到这个消息后，十分高兴，亲自来包头稀土研究院考察，临走时拿上了这块磁体，到美国能源部谈合同。就是见到这块磁体后，才打消了美国能源部对中国人能力的疑虑。一口答应 AMS 仪的磁场装置由中国的科学家们来干。我国终于参加到了这一国际科技合作项目中。紧随其后，1996 年 4 月 24 日，中科院电工所和包头稀土研究院正式签订了 NdFeB 磁体的订货合同。按合同，我们提供的产品性能为：

A：$(BH)_{max}=(48\pm2)$MGOe，$H_{cJ}\geqslant10$kOe。

B：$(BH)_{max}=(40\pm2)$MGOe，$H_{cJ}\geqslant17$kOe。

和先前的数据相比，对磁能积的要求降低了，并不要求磁能积达到 50MGOe，但对矫顽力的要求提高了不少，特别是 B 类产品，矫顽力要求大于 17kOe。这实际上又增加了我们的工作难度，这迫使我们又要进行新的研发，重新确定成分及工艺。这次合同，也就是最后确定的交货合同。正式的产品生产也就只能从此后算起，离交货期不到一年了。可以说前一年半的时间几乎都在配合电工所夏平畴教授搞研发，做技术储备。此后接连发生的两次重大变故，使我们无法继续生产。对这档产品，我们前后只提供了 430kg，这批磁体使中科院电工所在德国 VAC 公司的磁体到货之前，保证了中科院电工所完成 AMS 仪磁场装置的地面验证工作顺利完成，也就保证了 AMS 仪的准时随火箭升空，安装在空间站，使丁肇中教授的探测反物质和暗物质的研究能如期进行。

☆ 没有能够提供 2t 产品的更直接的原因是发生在 1996 年到 1997 年前半年之间的两次突发性的重大变故，使正常生产无法维系，只能终止合同。第一个是研磨介质——石油醚的质量变故。正当产品规格确定，可以稳定生产时，发生了灾难性的变故，一直沿用的研磨介质——石油醚，突然出了质量问题，粉末在研磨过程中结团，粘在钢球上下不来，像滚元宵，体积越来越大，钢球失去粉碎作用，粉末质量出现问题，制粉工作无法进行，只能停产等待问题的解决。这是一个以前从未碰到过的问题，对石油化工我们又很陌生，问题的解决十分棘手，和石油醚的生产厂家的讨论没有结果，送去分析的结果显示，前后两批石油醚的组分中有两个略有不同，一多一少，但总量也就百分之几。两个分量各是什么，有什么作用，更不清楚。最后派去山东工作的同志在济南一家石化公司找到一位工程师，看过我们的分析结果后，指出“你们的石油醚缺少分散剂”，在他的帮助下，我们购得了分散剂，加入石油醚后，研磨效果十分理想。石油醚的问题总算解决了。在寻找解决石油醚问题的同时，在院内工作的同志们尝试着用低温研磨的办法解决问题，将滚磨机搬到了食堂冷库，虽然情况有所好转，但不理想，产品性能处于中低线。为了按期交货，生产继续维持，只能加大生产量，择优交货，这样总算也行。但一波未平，一波又起，真是祸不单行，1996 年中，包头发生 6.4 级强震，震中离生产线 10km，正在为丁教授生产的无氧工艺生产线受到地面变形的扭动，真空联结处产生极难发现的位移，真空密封被破毁，磁体氧含量急剧上升，磁性能大幅下降。虽然进行过两次人工检漏，但没有找到漏点，这使人们产生了很多不同的想法，一时难以统一，都想试一下，局面十分混乱。就连丁教授派来监督生产的戴铁生博士也设计了一个烧结工艺，要试一下。那就试一下吧。结果可想而知。这种混乱局面，一直持续到分析仪器恢复正常，拿出了磁体氧含量的分析结果，证明了所有这段时间生产的磁体的氧含量严重超标，均在 0.20%以上，有些甚至到了 0.30%。看到结果后，大家的情绪总算冷静下来，开始重新找漏点。由于没有氦气检漏仪，我们就用石油醚，逐点检查，最终在两个法兰联结处找到了它，打开法兰，重新安装后，真空变好，磁体性能也恢复正常。但离交货期已经很近了。在这样的情况下，经过和丁肇中教授的助手派驻我院的代表戴铁生博士研究后，决定 AMS 仪用的 NdFeB 磁体剩余部分，由德国 VAC 公司补足。虽然他们比合同交货期晚了两个多月交货，但由于地面验证工作按时完成，争取了时间，使 AMS 仪按时升空。没有辜负丁肇中教授对我们的期望。为了让我们能够参与国际科技合作，丁肇中先生尽了最大的努力和帮助。为了帮助解决资金，两次回国，为包头稀土研究院赠送了一台价值 3.25 万美元的粒度分析仪，及 2.5 万美元的资金支持。此外，又通过邹家华副总理进行资金协调。邹副总理直接去信冶金工业部要求全力支持，冶金工业部刘淇部长主持召开了冶金工业部有关领导参加的专门会议，听取了我对丁肇中项目的完成情况和存在的问题的汇报，要求冶金工业部相关部门及包钢积极支持，对存在的问题要及时解决。包钢公司在 1995 年全年收入不景气，职工半年没有发工资的情况下，硬挤出 100 多万元，投入该项目。同时，包头稀土研究院领导下决心停了全院2/3 的课题，将资金投向丁教授的项目。包钢公司总工马鹏起、包头稀土研究院丁善宝院长经常到生产一线了解情况，现场解决问题。丁肇中项目的完成倾注了方方面面的心血和努力，是大家共同努力的结果。

☆ 在完成丁肇中教授 AMS 用材的同时，我们其实也是在进行着无氧工艺的一次重大中试。在回顾这段经历，评价这段工作的价值时，要看到我们不仅完成了 AMS 仪用材的生产，而却在提高矫顽力上研发出了新的工艺方法，更为重要的是通过这次中试，我们在无氧工艺产业化的研究上对控制氧含量取得了新进展，发现了新问题，并找到了解决办法。这就使我们有能力去完成“建一条全自动无氧工艺生产线，实现无氧工艺的真正产业化，让其发挥它的最大优越性”的新任务。通过对这次中试的技术总结，我们具备了这样的能力，对完成这一任务信心十足。事实的确如此，2002 年，我们在烟台正海建成了这条全世界首创，年生产能力 500～1000t 的全自动无氧工艺生产线，磁体中的氧含量被降至 0.02%～0.04%及 0.04%～0.08%的微量水平。实现了无氧工艺的真正产业化，打破了日本住友公司和日立公司认为的无氧工艺不可能实现产业化和氧含量不可能降至 0.05%以下的断言。该生产线建成投产的 2002 年，就生产出了 50MGOe 的 NdFeB 磁体，产品的磁能积 50MGOe，矫顽力 14kOe，这表明氧含量降低后，产品性能直接越过了低矫顽力的 N50 档次，而进入矫顽力更高的 50M 级档次。显示了无氧工艺的优越性。当我看到不断送到我办公桌上的这些 50MGOe、54MGOe 的产品检测报告时，我想，这不正是丁肇中教授想要的吗？我们已能很容易的生产出来了。2t，只是现在一两天的产量。4～5 年前，1997 年，当时驻院代表戴铁生博士告诉我“你最好把磁能积提到 50”，我问“为什么，48 不已经够了吗”，他说“你不懂，到 50 后，我们的仪器灵敏度可提高一个数量级”，难怪丁先生和我见面要 50MGOe 的产品。那时，全世界还没有谁能生产。我现在只能告诉丁先生的是，我们现在不仅能生产 50MGOe 的产品，还可生产 52MGOe、54MGOe 的产品，以大工业规模供应全世界。愿丁先生探测反物质和暗物质的研究取得新成果。

产品技术标准

牌号	B_r		H_{cB}		H_{cJ}		$(BH)_{max}$	
	kGs	T	kOe	kA/m	kOe	kA/m	MGOe	kJ/m^3
HE	12.5～13.2	1.25～1.32	11.8～12.4	876～987	≥12	≥955	38～42	308～334
HEC	12.1～12.7	1.21～1.27	11.3～11.8	899～939	≥15	≥1194	35～39	279～310
HH	11.7～12.2	1.17～1.22	11.1～11.6	884～923	≥17	≥1353	33～36	263～287
SH	11.7～12.3	1.17～1.23	11.0～11.8	876～939	≥20	≥1592	33～37	263～295
UH	11.7～12.2	1.17～1.22	10.4～10.8	828～860	≥23	≥1831	33～37	263～295
HUY	10.4～11.1	1.04～1.11	10.5～11.1	836～884	≥20	≥1592	28～30	223～239
HUT	10.4～11.1	1.04～1.11	10.4～10.6	828～844	≥25	≥1990	26～30	207～239

图3　丁肇中教授与包头稀土研究院领导及室领导和NdFeB课题组全体成员合影留念

对稀土永磁事业的贡献

1 把资源优势转化为经济优势

2013年，包头稀土研究院已走过了50个年头，我从进入包头稀土研究院到退休也有51年了。看到今天我国稀土事业的繁荣昌盛，欣喜之余，不由使我想到，这里有我和我的合作者及我的助手们为之付出的辛劳，想起了那些为之奋斗的既艰辛又愉快的日日夜夜。一群刚出校门的大学生，外加一个资金、设备奇缺的刚刚成立的包头稀土研究院，又遇西方势力的封锁，却要承担国家稀土开发的重任，谈何容易。面对这样的困难，我们选择了直起腰，丢掉“贾桂思想”，以不卑不亢的态度，从理论和实践两个方面对国内外的文献资料进行研读、分析，不轻信，不盲从。立足于自己的实验结果，实事求是，发挥包头稀土研究院人的“勇于创新，敢为人先”的精神，我和我的合作者及助手们先后在稀土永磁的研发上，参与了相关的国际性的学术问题讨论和研究，先后解决了我们碰到的一些国际性的学术难题，提出了自己的学术理论和见解，修正和完善了NdFeB的生产工艺理论。在实验室研制出52.2MGOe的NdFeB样品，超过当时日本住友50.6MGOe世界纪录后，我们立即转向，进行无氧工艺的产业化研究，以提高我国NdFeB的工业生产水平。经过招远中试、包头稀土研究院中试，生产AMS用材后，我们在烟台正海建成了全世界首条工业规模的，磁体氧含量降至0.02%~0.04%的全自动无氧工艺生产线。这条生产线由我们改造、创新和发明，并由国内外厂商制造的一系列设备和我们提供的新工艺组成，如半连续式鳞片炉（SC炉）、五腔体连续式氢粉碎炉（HD炉）、干湿两用连续式中磨机、经无氧化处理过的气流磨（jet mill），采用我们发明的密封方法的全自动成型压机、十二腔体连续式烧结炉及十二腔体连续式时效炉和由我们发明的新的防止过烧的烧结工艺等。这是一条国内外还没有过的NdFeB永磁材料生产线，生产出了高档NdFeB磁体。产品性能达到世界一流水平，走在了世界前列。特别是在高矫顽力和使用温度上，磁体矫顽力高达42kOe，可在200℃的温度下工作，刷新了世界纪录。使外界不再敢小看我们。甩掉了外界加于我们的“中国NdFeB工业还不入流”的歧视性帽子。

正海无氧工艺生产线的建成，彻底扭转了人们对无氧工艺的看法，20世纪90年代末到21世纪之初的2000年，人们普遍认为无氧工艺不可能产业化，这之中最有代表性的，也是最有影响力的，莫过于日本住友公司和日立公司了，他们分别在1996年和2000年发布的专利中声称，从冶炼到烧结的全过程置于惰性气氛保护下是理想的，但在大规模的工厂内是难以实现的、将氧含量降至0.05%以下是十分困难的。几乎就在同时，国外有一个叫Kim的人发表了一篇文章，用实验证明他们所用的磁体，若氧含量小于0.40%时，磁体矫顽力急剧下降，据此得出结论，NdFeB磁体的氧含量不能小于0.40%。这一结果也被一些人用来否定我们的无氧工艺。这对我们当时正在进行的无氧工艺产业化的工作造成很大的外界压力，对我们能否成功很多人并不看好。但我们对实现无氧工艺产业化信心十足，原因有二，一是我们多年的实践经验证明我们是正确的；二是我们分析后发现Kim的实验结果与他的样品成分有关，因此得出“他的实验结果是正确的，但结论是错误的”结论，而且从他的实验中我们分析后还得到一个科学结论，在一定的成分配比和某些合金元素的组合下，氧可以用来提高矫顽力。这些都为以后的实践所证明。当我们在2004年的稀土国际会议上正式公布了正海无氧工艺生产线，及其两年来生产的NdFeB磁体的全部档次的磁体的磁性能、耐热性、耐蚀性等均刷新了当时的国际先进水平，生产出了矫顽力42kOe的高能级磁体及在200℃的高温下可以工作的NdFeB磁体，以及磁体中的氧含量不高于0.04%的具体数据后，人们终于承认了无氧工艺产业化的成功以及无氧工艺的优越性。此后，国内的NdFeB生产厂纷纷改造自己的工艺设备，努力降低磁体的氧含量，水平虽各有不同，但都使自己的产品性能有所提高，市场份额明显增加，并打入国际市场。正海无氧工艺生产线的建成也引领了世界潮流。国外的设备制造商告诉我，正海的无氧线建成后，前来向他定购和正海相同设备的人很多，这其中也包括像日本住友这样的大公司。他说：你们引领了世界潮流。

无氧工艺技术之所以能够发端于包头稀土研究院，成长于包头稀土研究院，成熟于包头稀土研究院，这和包头稀土研究院有一个技术力量雄厚，技艺精湛的全国稀土分析中心和稀土金属冶炼提纯研究室分不开的。特别是分析室的罗汇工程师，在20世纪80年代初主导的NdFeB磁体中的氧含量的分析方法及建立的分析仪器，对我们无氧工艺的研究帮助极大。正是由于我们有了高纯稀土金属和准确可靠的成分分析及磁体中的氧分析，使我们在20世纪80年代初，刚刚研究NdFeB时，通过实验研究，就建立了磁体中的氧含量与Nd的加入量，以及磁体的剩磁 B_r 三者之间的定量关系。即磁体中的氧含量每减少0.160%时，磁体的Nd含量可少加1%，相应的磁体的剩磁 B_r 提高300Gs。磁能积 $(BH)_{max}$ 提高1~2MGOe。当工艺改进，取向度和密实度提高后，剩磁和磁能积的提高幅度还要大。这一定量关系就是我们研究NdFeB工艺的基础。也就是我们不断改进工艺，降低氧含量，提高磁性能的实践和理论依据，也是无氧工艺的实践基础。稀土院有了氧分析，我们就可随时随地对我们的工艺进行监控，改进。使无氧工艺一步一步走到今天，回首无氧工艺走过的路，我们对这些幕后英雄的辛劳不应忘记。

正是我们之间的合作，才有了稀土从资源优势转化成为经济优势。我们完成了国家交给的任务。

2 对稀土永磁的贡献

2.1 1973~1983 年，对第一代稀土永磁 $SmCo_5$的研发

虽然我们的稀土永磁的研发工作比国外要晚几年，但我们很快就赶了上去，进入世界先进行列，并在应用基础的研究上取得了骄人的成绩，在国际上具有影响力的成果是：

（1）解决了国际学术界争论长达十年之久的，关于 $SmCo_5$相是否存在共析分解的问题。1973 年 J. H. Buschow 等人发表 $SmCo_5$相在 750℃ 发生共析分解的金相照片后，在学术界引发了一场长达十年之久的“是否存在共析分解”的争论，直到 1983 年，我们在国际学术会议上发表了论文《the problem of eutectoid decomposition of $SmCo_5$ alloy》（$SmCo_5$合金的共析分解问题），得出了在高温下形成的 $SmCo_5$相在低温下是稳定的结论，用详实的实验结果证明了 J. H. Buschow 等人的金相照片是一个制样过程中研磨引起的假象，才结束了这场争论。

（2）当时受 $SmCo_5$合金存在共析分解看法的影响，学术界普遍认为 Sm-Co 磁体在 750℃时矫顽力的下降，磁性变坏，是 $SmCo_5$相发生共析分解造成的。但我觉得这与我们自己的工艺实践不符，于是展开了对这一问题的研究，先后研究了 SmCo 磁体的矫顽力机制与 SmCo 合金的低温相变，这一系列的研究结果表明，矫顽力的下降，磁性变坏，是由于配比时，选取的磁体成分富 Co，或由于冶炼时，工艺过程造成的成分偏析引起的局部富 Co 以及磁体氧含量高和内氧化等引起的富 Co 区内二次析出 Sm_2Co_{17}相造成的，并非共析分解。相关论文被收录到国际学术会议文集。这一系列研究成果给生产工艺的改进提供了理论依据和方向。特别是通过上述研究，认识到了在工艺过程中控制氧含量对生产高品质磁体的重要性，萌发了无氧工艺的思想。

（3）1977 年发表了“$SmCo_5$幅向磁环断裂行为的理论分析”一文，推导出了各向异性的热膨胀系数 $c_{/\!/}$和 $c_{\perp}$与磁环直径之间的两个数学关系式。从而明确了 $SmCo_5$磁环断裂的原因，并得出了最适合制作这种磁环的材料应该具备的热膨胀特性，指出了选材和工艺方向，解决了幅向环生产的技术问题。有力地支持了我国的军工和航天事业。该文的结论不仅解决了稀土钴磁环的断裂问题，而且对热膨胀系数是各向异性的所有材料都适用。是两个具有普适性的材料力学公式。

2.2 1983 年 10 月，在北京举行的国际会议上，日本以“Nd-Fe 磁体”的名义，宣布第三代稀土永磁材料在日本面世

会后，我们立即开始研制，紧接着又接受了国家下达的“新型稀土铁基永磁

材料及其制造”的科研攻关任务。我们通过对相图的研究，确定该磁体的基本成分应为NdFeB，并非Nd-Fe，是一个三元系，并断定具体成分应在$Nd_{15}Fe_{77}B_8$的周围（当时相图标注的成分是$Nd_{15}Fe_{77}B_8$，不是$Nd_2Fe_{14}B$，这可能于当时相图研究时稀土分析技术落后有关）。我们的论证也表明磁体的制造工艺应为粉末冶金，不是快淬工艺。在后继研发中，我们通过理论分析和工艺实践，在工艺过程中采取了合金的高温快冷加退火技术，对磁体的返烧去除表面效应技术和工艺过程的防氧化措施等方法，按照我们预先制定的工艺，在实验室的研制中很快获得了成功，研制出了钕铁硼磁体，性能不断提高，半年后（1984年中），研制出42MGOe的NdFeB磁体，为国内领先，接近国际上的最高纪录45MGOe。1990年在实验室获得磁能积52.2MGOe的NdFeB磁体，超过当时住友50.6MGOe的世界最高水平。该攻关项目后来获得国家科技进步一等奖。我们研发钕铁硼成功并不构成专利侵权，因为我国当时（1984年）没有实施专利法，1985年中国才实施专利法，我们的快速研发成功，打破了西方的技术封锁和专利的制约，使日本专利也不能在中国申请，中国钕铁硼产业在不受国外专利制约的情况下得到了快速发展。

钕铁硼研发成功，促使冶金部决定在包头稀土研究院建设一条为军工服务的年产40吨钕铁硼磁体中试生产线。这是第一次按无氧工艺的要求去国外选购先进主体设备，国外并没有现成的无氧工艺设备，因此有关设备的结构，工作参数都是由我们提出并确定，最后由国外相关公司制造。在NdFeB行业，从此有了连续式烧结炉、连续式时效炉、密封式自动成型压机等新装备。现在看来，这些都是无氧工艺的最初产物。但这却是工艺发展的方向。该生产线于1985年引进设备，1987年建成投产，产品满足了军工和开发应用的需求，标志了中国钕铁硼产业的真正诞生，也是无氧工艺产业化的初次尝试。

2.3 建立无氧工艺理论，赶超世界先进水平

通过我们长时间的研究和试验，对氧在钕铁硼磁体生产工艺过程中的影响有了更深的认识，提出了无氧工艺理论和无氧工艺生产线的新理念，在研究工作中不断地完善和充实，使其实现了理论化和产业化。使NdFeB的工业生产定量化，事前定量计算出产品性能，事后可定量检测。研究和发现日本专利的不足之处，以研发我们的专利，在残酷的专利战中为我国赢取专利权。打破日本的专利垄断。针对日本专利没有解决NdFeB磁体的使用温度问题，我们着手对这一问题进行研究。1986年我们研制成功了廉价的高热稳定性NdFeB磁体。1988年在国际会议上公开发表，这一成果在国外引起了热烈的反响，1990年该永磁材料及生产方法获中国专利权，1992年获国家发明奖三等奖。

1989年，我们在实验室对工艺过程的无氧化措施进一步完善，使磁体的氧

含量下降到很低的水平，并于1990年研制出了52.2MGOe的NdFeB磁体，超过日本住友公布的50.6MGOe的当时世界最高纪录，居当时国际领先水平。出色完成“七五”攻关任务。1992年，该成果获国家“七五”重大科技攻关优秀成果奖，我也被评为优秀个人奖。

1994年，为了使无氧工艺技术能在大规模的工业生产厂内得到应用，在包头稀土研究院建设了无氧工艺中试线，在这次中试线上，我们发明了一种适合在工业生产上应用的压机的高真空密封方法，解决了无氧工艺产业化的核心技术问题，并已在烟台招远的中试线上得到了应用，在包头稀土研究院建的这条中试线生产出的磁体的氧含量下降至0.075%~0.150%，控氧技术达到了新高度，正在这时，国际著名物理学家丁肇中先生找到了我，希望我为他的国际太空研究项目提供一批高性能钕铁硼磁体，我很高兴地接受了这一有重要意义的任务，得到了各方面的支持和帮助，该中试生产线很快建成，就在这条中试线上，为丁肇中教授探测反物质的AMS仪提供了一批48~50MGOe的NdFeB磁体，使丁肇中先生实现了他的太空研究之梦，他还给我们发来了感谢信。

这条无氧工艺中试线的建成和高性能磁体的生产意义重大，一是表明中国钕铁硼的技术不仅在实验室而且在生产上也达到了国际先进水平，再次证明国外专利制约不能阻止中国钕铁硼的发展；二是无氧工艺技术在产业化试验中得到了验证，经过这次中试，有关无氧工艺产业化中的几个重大技术问题都已得到解决，工艺技术趋于成熟，我们已经有能力建设一条更大规模的，更加理想的全自动的无氧工艺生产线了。

2.4 建设一个大规模的、全自动的无氧工艺钕铁硼生产工厂，使中国高性能NdFeB磁体的质量进入世界一流水平

1998年，在中国稀土学会的支持下通过技术招标，承担了国家高性能NdFeB产业化示范的项目，于2002年，在烟台与正海公司合作建成了世界首条工业规模的全自动无氧工艺生产线，实现了在工业规模的工厂内，年产500~1000t高性能钕铁硼磁体，将磁体的氧含量降到了0.01%~0.40%的范围，几乎达到了工业生产的极限。生产出了性能优异的含微量氧的NdFeB磁体，不仅磁体的磁学性能，而且磁体的耐热性、耐蚀性都达到了世界一流水平，全面提升了产品性能，中国的NdFeB行业再也不被人小看了。随后，包头稀土研究院以同样的技术与首都钢铁公司在烟台合资建设了一条同样规模的无氧工艺全自动生产线，烟台首钢磁材公司，由包头稀土研究院派出的丁开鸿教授担任总工程师，他是我们课题组的同事，也曾是我的得力助手，长期从事磁性材料的研究，是无氧工艺的重要贡献者之一。烟台两家无氧工艺生产线的建成投产，高性能磁体大量出口，表明了中国钕铁硼产业化的技术水平进入世界先进行列，这两家高性能钕铁硼磁体工

厂推动了我国钕铁硼产业的快速发展。2005 年我国钕铁硼磁体的产量占全球产量的 80%以上，产品出口到 100 多个国家和地区，出口量超过日本，居世界第一，产品性能比国外毫不逊色，表明中国钕铁硼产业的技术和产品已稳居世界先进行列，主导世界市场这一成绩的取得，无氧工艺技术做出了重要的贡献。这是一项有自主知识产权的创新，以“含微量氧的 NdFeB 磁体及其生产方法”的发明专利已获中国专利权。

2.5 在 NdFeB 生产工艺理论方面的贡献

作为一个科技工作者，一方面，我们既重视实验室的科学研究和科学实践，另一方面，也很重视实验过程中的理论分析和总结提高，以及理论的上升，并有所创新。

我们根据磁化和反磁化的物理过程中的物理概念以及对工艺实践的总结，重新定义了取向度 A，列举出影响 A 的详细工艺因素，经过计算和实验验证，又给出了一个可通过磁体的稀土总量 x 计算主相体积分数 ω 的半经验公式，$\omega=(1+\alpha)x_0/x$（x_0 为 26.7，$0<\alpha<0.1$，当 $x\to x_0$ 时，$\alpha\to 0$），先由实验确定其一个数值后，其余可用内插法计算出来，我们对 $Nd_{29.03}Fe_{70}B_{0.97}$ 样品进行实测，得出的 α 值为 0.04，也就是 $x=29.03$ 时，公式中的 $\alpha=0.04$，有了这一数值，其余可用内插法计算。这不仅使剩磁 B_r 和饱和磁化强度 $4\pi M_s$ 之间的关系变成等式关系，而且使等式右端的所有物理量都可通过测量直接得到，磁体的剩磁 B_r 在事前就可以计算出来。事后可以复查，成为一个指导生产的重要依据。

根据退磁过程的物理图像，引进了凸出度 α，这使磁体的磁能积 $(BH)_{max}$ 和剩磁 B_r 之间有了一个定量关系，$(BH)_{max}=\alpha B_r^2/4$，并详细列举了影响 α 的工艺因素。这样，将复杂的工艺过程中的工艺因素综合成四个简单的工艺参数，它们以定量的方式影响着磁体的剩磁 B_r 和矫顽力 H_{cJ}。工艺过程从此一目了然，易于掌握。

关于无氧工艺的名称定义，其合理性及科学性，在另一篇文中已作了说明，这里不再赘述。

3 后记

时光已流过了五十多年，我们都已步入老年，回想起在包头稀土研究院工作的日子，有许多事情是值得继承和发扬的。包头稀土研究院有一个非常优良的院风。这就是在国家重大科技项目和内蒙古自治区及包头市的地方项目之外，特别有一个院控项目。这是一个由工作在一线的、各个科室的工程技术人员根据自己的想法提出来的科研项目，经费由包头稀土研究院自己负担。正是这些项目进一步调动了科技人员的积极性，进一步发挥了他们的创造性。其中出现了很多具有世界水平的优秀成果，在稀土永磁方面，我院关于“$SmCo_5$合金共析分解问题的研究”，“$SmCo_5$合金 750℃以下相变的研究”，“$SmCo_5$永磁体的矫顽力机制的研究”等都属于这类课题。正是这样一种宽松的、自由的科研环境造就了我们这一代人中的专家和科学家，也迎来了稀土事业的繁荣昌盛。最后愿包头稀土研究院继续保持这一优良作风，后来者发扬包头稀土研究院人的“勇于创新，敢为人先”的精神，为中国的稀土事业努力奋斗。

最后我要郑重说明的，包头稀土研究院在稀土永磁材料方面取得了骄人的成绩，我只是尽了我的努力，作出了一定的贡献，主要是和我的同事们共同努力完成的，他们是李慧卿、罗汇、李守义、刘国征、张薰、丁开鸿等同志。我要感谢他们，是他们给了我很大的支持和帮助。

成长在包头稀土研究院

1 缘分、机遇与事业和精神

包头、稀土和我似乎有一种不解的缘分。那还是在少年时期的20世纪50年代初，一堂地理课上，地理老师讲到了内蒙古包头，“天苍苍，野茫茫，风吹草低见牛羊”。“蓝天白云，辽阔大地，物产丰饶，……”。老师和我们一起陶醉在大自然的美景中。忽然老师讲“到晚上，放牧人拿几块骆驼拉下的干牛粪烧火做饭，……”，全堂哄然大笑，老师一脸茫然，一时不知所措。整个地理课没有给我留下什么印象，脑袋一片空白，唯独包头，就这样以它美好而幽默的形象牢牢的留在了我的脑海中。但是，直到大学毕业分配，我都没有想到我将会去包头工作。

20世纪60年代初，已能用两门外语阅读报刊杂志的我，经常去图书馆翻阅相关的物理化学杂志，发现国外已对4*f*过渡族元素（稀土元素）及其金属进行着系统研究。作为一个物理系的磁学专业的高年级大学生，我从专业的角度对这一新的研究领域十分感兴趣，对其研究进展及研究成果也就十分关心，对有关内容详细阅读。当时，国内好像还没有开展这方面的研究工作。至少在报刊杂志上没有见到相关报道，也没听到有关稀土的什么信息。我的关心也只是业余的而已。当时，我们学校正在研究一个刚发现的新型的永磁材料——锰铋合金。锰（Mn）和铋（Bi），一个是反铁磁性金属，另一个是顺磁性金属，都不具有铁磁性原子，但两者的合金且是铁磁性的。因而无论在磁学理论上抑或在寻找新的磁性材料上，对它的研究都具有十分重要的意义。1962年6月末，我在杨正教授的指导下完成了《锰铋合金的制备和从低温到高温的相变研究》的毕业论文。之后放假，好好休息了一个多月，等待毕业分配。从未想到以后还会去研究稀土永磁材料，甚至一干就是几十年，成为终生事业。

毕业分配去了包钢。1962年9月中旬一个阳光明媚的下午，到了包头，会同从全国其他各大专院校分配而来的一百多人去一个刚刚成立的国家三级保密单位——包钢冶金研究所报到，此时方知要我们这群大学生去研究稀土。国家把这样一个具有战略意义的稀土大矿的开发和应用的重任交给了我们，口号是“拿出来，吃下去”。但眼前的一切真真确确是一穷二白、一贫如洗。唯一令人惊叹的是那些把两三条旧长条凳叠起来当书架堆放在上边的外文期刊，有英文、俄文、德文、日文和法文，十分丰富，几乎在学校我读过的杂志这儿都有，有些还是学校也少有的原版期刊，几乎重要期刊都是原版，在那个被西方敌对势力封锁的年代，这些书刊不易进口，要价很高，需用外汇支付，当时国家外汇很紧，还花钱进口这么多，说明国家对稀土的开发与研究十分重视。这些期刊从发刊到我院只需一个月，这就使我们能在一月之内就了解到国外的研究信息，比影印本早半年。我和徐来自同志当时整天泡在那些书刊杂志中拼命阅读，以补充稀土固体物理学和物理化学方面的知识。为了获取更多的信息，我和徐来自同志又自学了日文、德文和法文。但整个包头稀土研究院对稀土知识和实践经验缺乏，设备陈旧落后，没几件像样的，而且量也很少，资金也不足，这一切使我们只能从头开始、从零开始，不可能有外援，只能走自力更生的路。或许正是这样的环境造就了包头稀土研究院的一种精神——勇于创新，敢为人先，人穷志不短，对外不卑不亢，或许这正是毛主席所说的穷则思变、物极必反激发出来的一种创新精神。

环境吓走了一些人，但绝大多数留了下来。此后，经过十多年的努力，进入70年代，在我们这些大学生中逐渐涌现出了一批具有这种创新精神的很有才华的人。他们发明了稀土选矿药剂，发明了单一稀土串级分离提取的方法和工艺，研制成功制取稀土金属的火法电解方法等，从而完成了要我们从矿石中拿出稀土氧化物并把它变成金属的拿出来的要求。此后我们又相继研制成功了稀土荧光粉、稀土发光材料、稀土永磁材料、稀土储氢材料、稀土高温超导材料、铬酸镧发热材料、LaB_6晶体阴极材料及稀土特种钢等含稀土的新型材料用在航天航空、电子电器、信息通信、军工武器、风力发电、电动汽车、高效节能灯等方面。稀土已成为国民经济的重要产业，其新材料在国民经济的方方面面发挥着重大作用。我们基本完成了国家下达的“拿出来，吃下去”的任务。走出了一条中国的稀土发展道路。包头稀土研究院也从一个无名的小小的包钢冶金研究所发展成为一个具有国际知名度的大院。我们这一代人也从刚出校门时的大学生成长为对国家有用的人才，其中不乏在国内外具有知名度和影响力的国家级专家和科学家。

经过文化大革命的磨砺后，一些人选择了离开包头，离开包头稀土研究院。我，选择了留下，继续研究稀土永磁材料。几十年的废寝忘食和不懈努力，取得了许多重要的科研成果。1973年，我和丁庆如、张文萍等人用振动取向的方法克服了设备简陋，取向场不足的困难，生产出了磁能积20MGOe的PrSmCo磁体。室主任赵仁宽拿到北京钢铁研究总院复测，确认为国内第一个达到20磁能积的磁体，国内领先。这一次的成功大大提升了我们“小院干大事”的勇气和信心。此后，和王家海、梁尚兰、袁书明等人采用橡皮模等静压的方法生产出了磁能积23MGOe的$SmCo_5$磁体。为了稳定工艺和解决$SmCo_5$相的稳定性问题，我便转入有关SmCo永磁合金的矫顽力机制和相变的应用基础研究，取得了一系列重大成果。SmCo合金共析分解问题的研究成果不仅证明了$SmCo_5$相及其磁体的稳定性，而且平息了国外学术界就此问题长达十年之久的争论。钐钴永磁矫顽力机制及SmCo合金的低温相变的一系列研究成果指出工艺过程中的氧含量控制，降低磁体中的氧含量不仅稳定了生产工艺，而且也提高了磁体性能。无氧工艺的思想就此开始萌发。除此之外，在理论上也得到了很多有意义的结果。这些成果引起国际同行对我们的关注，并有了想和我们进行合作研究的意愿，例如，以色列科学院、前东德科学院分子物理研究所、前苏联乌克兰分子物理研究所都先后来信表示愿与我们合作进行进一步研究。由于那个年代我院和全国一样还没有做好这方面的思想准备，也就不了了之。但包头稀土研究院却因此有了国际知名度。在外人眼中，包头稀土研究院已不是一个小院，而是有实力的大院。1977年10月，我临危受命，为第二代桡性陀螺仪生产SmCo径向磁环。结果是不辱使命按时完成任务，保证了陀螺仪地面定向试验的顺利完成，受到军工部门的表彰。但我认为这一次最大的收获是在领受任务之后不盲目动手而是进行认真的理论分析，凡事预则立，不预则废，这一次显示了“预”的重要性，理论对实践的指导意义十分明确。《SmCo径向磁环断裂行为的理论分析》一文提出的两个原则对今后其他材料生产径向环具有普遍的指导意义。1983年10月，受命率领李守义、林海、姚洪福、朱瑞生、梁尚兰和邹敏等同志研发NdFeB磁体。当月，马鹏起院长和院学术委员会组织了开题论证，我的结论是日本住友发明的NdFe磁体应该是NdFeB，成分为$Nd_{15}Fe_{77}B_8$，工艺为粉末冶金。考虑到我们的设备条件不及日本，所以磁体的目标性能定在32MGOe，约是日本住友公开数据36MGOe的90%。同年11月份，住友在国际磁学会议上公开了他们的磁体成分和工艺，证明我们的论证是正确的。我们的试验工作开局很顺利，但当我们为了进一步提高磁能积降低Nd含量后同样的工艺条件下生产出的磁体且没有性能。我们也采取了和生产SmCo磁体一样的防氧化措施，但未见效果。一个多月后，姚洪福在一次烧结时加大了防氧化用的Nd屑用量，磁体有了磁性，但被熔化得只剩半个。这个实验提醒我NdFeB比SmCo更易氧化，必须采取新的更严格的防氧化措施。小组讨论后决定在手套箱中进行粉末干燥和制样。当晚李守义进行的第一个试验取得了圆满成功。从此，随工艺过程防氧化措施的不断完善，产品性能也不断提高。无氧工艺从此成为我们的研究方向。1984年7月，全国NdFeB会议上我们拿出了42MGOe的NdFeB样品。又一次居全国领先地位。接近日本住友45MGOe的国际水平。此后，我和耿朝青、郭炳麟进一步改进工艺设备，完成了对压机的密封，使磁体的氧含量下降到0.20%以下，并在工艺上改变了烧结气氛和保护介质，结果于1990年，在实验室获得最大磁能积为52.2MGOe的NdFeB样品，该数据是中国计量科学研究院测量之后由他们首先对外公布的，超过当时日本住友的50.6MGOe的世界水平，居国际领先水平。我院出色地完成了国家“七五”重大科技攻关任务，我个人被评为“七五”攻关优秀个人。在突破日本住友NdFeB

的专利方面，面对国内学界一边倒的日本专利无法突破的巨大压力，我们没有退缩，而是冷静分析，然后抓住住友专利的 NdFeB 其使用温度不高（<100℃），温度系数大，因而实际应用市场有限的问题，在 80 年代的中后期，我带着杨妹娟、闫建明、朱瑞生等研制成功了高使用温度低温度系数 NdFeB 磁体，使用温度在 150~200℃之间，温度系数为-0. 04%/℃。获国家专利权和国家发明奖三等奖。《高使用温度低温度系数 NdFeB 磁体的研究》一文获内蒙古自治区自然科学优秀论文二等奖，这一成果同样受到国际同行的重视。中澳科技合作项目澳方唯独选中我们作为合作对象共同研究“耐热的低温度系数 NdFeB 磁体”一事足以说明问题。在 NdFeB 的工艺研究方面，1991 年开始直到 1994 年，我和张瑾同志在山东招远进行无氧工艺的中试。我们重新设计了压机的密封装置，使其适合大规模工业生产。实践证明了无氧工艺的优越性，虽然设备仍很简陋，取向场不高，但仍然生产出了和日本住友、TDK、信越等公司一样的产品，磁能积在 40~45MGOe 的范围内。磁体氧含量在 0. 2%以下。对这次中试总结以后，我们决定在包头稀土研究院建一条新的改进型的无氧工艺生产线，生产 50MGOe NdFeB 磁体。刘国征、丁开宏、姚洪福、李泽军、闫建明、陶婴洁等参加生产线的建设并为丁肇中教授的 AMS 仪生产出了 48MGOe 的 NdFeB 磁体，满足了制造 AMS 仪的要求。在这条生产线上磁体的氧含量已下降到 0. 1%~0. 07%。至此，我们已经解决了无氧工艺的所有重大关键技术问题，无氧工艺已接近成熟，我们已经从理论和实践经验两个方面具备了建造全自动无氧工艺生产线的能力。当时国内外同行有一种很强的舆论，认为无氧工艺不可能工业化，再加资金问题，包头稀土研究院和内蒙古都不敢上这个项目。1997 年我退休了，带着建一条工业规模的全自动无氧工艺生产线以提高我国 NdFeB 工业生产水平的梦想来到山东找合作伙伴。1999 年国家批准由我主持建设一条年 500t 规模的全自动无氧工艺示范线，生产高性能 NdFeB 磁体。几经论证，落户烟台。最终由正海集团出资，我出技术，合建这个项目。终于实现理想，2002 年，率先在世界上建成了一条工业规模的全自动无氧工艺生产线，磁体中氧含量小于 0. 04%，解决了国内外同行认为“很难实现”，甚至认为“无氧工艺虽是生产 NdFeB 的理想工艺”但“不可能在大规模的工业生产的工厂内实现”的问题。又一次走在了世界的前列。其产品含微量氧的 NdFeB 磁体及其生产方法获国家专利权。专利覆盖了高性能高品质 NdFeB的全部市场。在高性能领域打破了日本住友的专利。全自动无氧工艺生产线的建成标志着我国的 NdFeB 工业生产技术已从“技不如人”上升到了“技优于人”。结束了我国的稀土产业长期被日本一些人认为“只有原料，没有技术”的局面。这一成果是继稀土选矿药剂、串级分离提取工艺之后，包头稀土研究院对我国稀土产业的又一重大贡献。技术上的实力使包头稀土研究院站在了国内外同行的前列。

包头，稀土我为它的发展奉献了一生，反过来它也成就了我的一生，使我从一个普通的大学生成长为一个在国内外具有知名度的有突出贡献的国家级专家和材料科学家，使我一个普通群众能够连续两届（第八届、第九届）当选为全国人大代表。

包头，稀土，早年只是一个信息而已，竟然成了我的终身事业。这是一种巧合，机遇，还是一种缘分，说不清，但我更相信这是一种缘分。

2 不应该被忘记的另一些书写过包头稀土研究院历史的人和事，让历史记住他们

一晃，五十年已经过去了。一些对包头稀土研究院的发展作出过重大贡献的人和事渐渐已被忘记，特别是从事应用基础研究的那些同事们，不管他们的成果有多大，为包头稀土研究院，为国家争回了多大的声誉，我们在包头稀土研究院的成果册中抑或在光荣榜中很难见到他们的踪影。他们中的一些人就这样默默无闻的来了，撒下汗水，又默默无闻的走了，丝毫没有痕迹。我院物理室 X 光组的程敏杰同志就是这样一个人。

1972 年，我院开始了对第一代稀土永磁——SmCo 永磁的研制。它的磁性主要来源于主相 $SmCo_5$相，经过三四年的研究我们已掌握了磁体的生产工艺，产品供航天航空系统使用，效果很好。几乎就在同时 F. J . A. Den. Broeder 和 K. H. J. Buschow 发表了一系列文章，指出构成 SmCo 永磁主体的 $SmCo_5$相在 750℃以下将发生共析分解，转变成与其相邻的两个相——Sm_2Co_7 和 Sm_2Co_{17}。如果这样，磁体将会发生分解，其磁性也就消失。这引起了人们对 SmCo 磁体稳定性的担忧。虽然国际上也有另外一些人同时期证明在 750℃以下 $SmCo_5$ 相是稳定的，不会发生分解，但人们对稳定性的担忧并未消失。特别是军工部门更为担心。$SmCo_5$存在共析分解的事实也被用来解释为了提高磁体矫顽力，工艺上必须将磁体从高于 750℃的温度快冷至室温的事实。但这和我们的工艺实践并不完全相符合。因此对这种解释的正确性产生了怀疑，为此，我们首先用金相方法，磁分析方法和电阻法及正电子湮灭法对 SmCo 合金的矫顽力机制与低温相变进行了研究。发现磁体矫顽力的下降主要是由于合金成分富钴或工艺过程中合金粉末过分氧化引起的富钴而产生的 Sm_2Co_{17} 在晶界上的一次析出造成的。通过调整成分及在工艺过程中控制氧含量就可以阻止 Sm_2Co_{17}的一次析出。通过控制氧含量我们在工艺上不必快冷同样获得了高性能 SmCo 磁体。值得指出的是，在这些所有实验中没有发现 $SmCo_5$相发生共析分解。分析了上述实验数据后，我决定直接重复 F. J. A. Den Broader 等人的有关共析分解的金相实验，以探究竟。随后，我去物理室找到程敏杰同志，对他讲了我先前的实验结果并谈了下一步的打算。老程对我的想法积极支持，两人的一些主要想法不谋而合。谋划后我们立即开始对

F. J. A. Den Broader 等人的证明存在共析分解的金相组织的研究进行重复试验。结果出人意料，既不肯定也不否定。在磨制后的金相样品上有时看到清晰的共析分解组织，但有时看不到这种组织，甚至电解抛光的样品上也没有这种组织出现。我当即和老程商量会不会有一个金相组织是制样过程中的应力引起的假象。为了解决这一问题，我们商量了一个判决性实验，由老程设计了一个 X 光衍射仪的特殊样品盒，用它可以只对样品表层 0~10μm 范围的相进行分析，排除了来自体积中相关各相的干扰问题。并由物理室的颜玉欣同志用电子探针对表层进行微区域成分分析（≈10μm）做进一步配合。三人的努力结果表明所谓的 $SmCo_5$ 的共析分解组织是一个制样过程中的应力及相变应力引起的假象。从高温熔炼得到的 $SmCo_5$ 相在低温下不发生分解。一场由 $SmCo_5$ 共析分解组织的金相照片引起的长达十年之久的国际科技界的争论，就这样画上了句号。以上的实验结果我们总结成论文《$SmCo_5$ 合金的共析分解问题（The problem of eutectoid decomposition of $SmCo_5$ alloy）》，在第七届国际稀土永磁及其应用的会议上由程敏杰同志在大会上进行了宣读。我们的论文受到国内外同行的重视，在会前，国内评审时，中科院沈阳金属研究所的庄育智教授领导的课题组和我们进行了一次相关问题的交流，在会议进行的间隙，美国的 D. L. Martin 教授专门找我和老程开了一个小型座谈会，参加座谈会的还有北大的何文望教授等人，六七个人。1989 年该论文获内蒙古自治区自然科学优秀论文一等奖。

由于工作性质的关系，程敏杰很少有直接参与重大科题的机会，但这仅有的一次就显现了他的才能。程敏杰同志能写一手好的书法，我院的各种宣传活动离不开他。他有很深的文化底蕴，读过《史记》，《资治通鉴》。他常用“事修而谤兴，德高而毁来”提醒自己。他不愿出头，做事低调，或许这句成语的消极方面对他影响太大了吧，使他失去了很多竞取机会，但我们从 $SmCo_5$ 合金共析分解的研究过程中不难发现在程敏杰身上同样有包头稀土研究院的那种“勇于创新，敢为人先”的精神。

和程敏杰同志合作的另一件事就是中澳科技合作项目，他是项目负责人之一。在选择所谓“第四代稀土永磁材料”的研究方向时，我们摒弃了当时人们热门研究的 SmFeN 化合物，另辟蹊径，选取 La-Co 系的化合物作为研究对象。在选取具体化合物上，我和老程不谋而合，决定以改变 $LaCo_{13}$ 的晶型为突破口。我们用强脉冲磁场测量不同温度下的合金的 $4\pi M_s$ 和 H_a，确定合适的成分并对其晶型作出初步判定。很快我们就发现了一个很有希望的成分，并测得了相关的磁性数据。此项目后因包头稀土研究院缺乏资金而被迫停止，我和老程都感到很遗憾。虽然我们也一起去上边跑资金找钱，但最终也未能挽回停止课题的命运。我院的中澳科技合作项目也就此结束。

值得记住的另外一些人是我院的退休职工高级工程师余振喜同志。我在正海建设世界首条工业规模的生产 NdFeB 的全自动无氧工艺生产线时，余振喜同志是我聘请的真空设计专家之一，还有一位是我聘请的中科院兰州近代物理研究所的沈汉良高级工程师。他们在解决一些关键技术的设计上都做出了重要的贡献。参加过该线建设的还有由我聘请的我院退休职工分析室的陈伟利、熊其泰和李文第等同志。

我院新材料室的闫建明同志在无氧线建设初期来到正海，建成了强脉冲磁场，并消除了以往测量方法中的误差来源，成功地将强脉冲磁场用于高矫顽力 NdFeB 磁体的磁性及材料的 $4\pi M_s$ 和 H_a 的测量。这不仅对该线试生产及其后的稳定生产发挥了重要的作用，而且也解决了国内关于高矫顽力磁体性能的测量问题。

3 寄语

一晃已半个世纪过去了。包头，稀土院成就了我的一生，内蒙古政府和人民给予我很多荣誉和关怀，我虽旅居山东，但心中装的仍然是内蒙古包头，稀土院。最后寄望于后来人坚持稀土院精神——勇于创新，敢为人先，为稀土院，为包头，为内蒙古，为中国努力奋斗吧。

（2013 年 5 月为纪念包头稀土研究院成立 50 周年所写）

作 者 简 介

谢宏祖 甘肃甘谷人，汉族，1938 年 12 月 22 日生。九三学社社员。曾用名：谢保麟。学历：大学本科。职称：教授级高级工程师。

1962 年毕业于兰州大学，同年分配到包头稀土研究院工作，1973 年研发现磁能级 20MGOe 的 PrSmCo 磁体，居国内领先。之后，为了稳定 SmCo 磁体的工艺，研究了 $SmCo_5$ 合金在 750℃以下的相变，发现磁体在此温度下的矫顽力下降是由于磁体成分富 Co 以及磁体氧含量过高，经过内氧化，产生的富 Co 区，在此后的工艺过程中产生的 Sm_2Co_{17} 相的析出造成的，并非 1∶5 相的共析分解造成的。适当增加 Sm 含量，防止磁体氧化，就可使磁体的生产工艺稳定。在此基础上，进而研究了 $SmCo_5$ 相是否存在共析分解的问题，1983 年发表了《$SmCo_5$ 合金共析分解问题》的论文，用详实的实验事实，证明在 750℃下 $SmCo_5$ 相发生共析分解的金相组织是一个制样过程造成的假象，$SmCo_5$ 相并未发生分解，对国际上学界争论长达十年之久的 $SmCo_5$ 合金共析分解问题画上了圆满的句号。关于第一代稀土永磁，1977 年写成了论文《幅向取向 $SmCo_5$ 磁环断裂行为的理论分析》一文。指出幅向环不裂的条件是热膨胀系数应为各向同性的。抑或两个晶向的热膨胀之差应与直径成反比。解决了幅向环的制造问题，完成了为第二代桡性陀螺仪提供幅向取向 $SmCo_5$ 磁环的任务，受到军工部门的表彰。

1984 年初，决定采用以工艺过程的无氧化方法降低磁体的氧含量的工艺路线研发 NdFeB 磁体。当年研制出磁能积 42MGOe 的 NdFeB 样品，为国内领先，世界先进水平。无氧化技术的完善和无氧程度的提高，磁体氧含量下降，磁性能进一步提高，1989 年获得磁能积 52. 2MGOe 的 NdFeB 样品，超过日本住友 50. 6MGOe 的世界水平，成为世界领先。此后，为了解决我国 NdFeB 工业水平远落后于日本、德国等国的世界先进水平问题，从1992年开始，着手进行无氧工艺的产业化研究，经过烟台招远和包头稀土研究院的年产30t NdFeB的前后两条中试线的建设，有关无氧工艺产业化的重大技术问题已基本解决，到1996年，稀土院的生产线生产的磁体氧含量已降至0.075%～0.15%的水平，略好于日立同期发明的“低氧工艺”的水平（0.095%～0.2%）。包头稀土研究院的生产线还为丁肇中教授的AMS仪提供了需用磁体。在这些中试的基础上，进行了无氧工艺的产业化示范，2002年，在烟台正海建成了全世界首条全自动无氧工艺生产线，年生产能力为500～1000t，磁体氧含量降至0.01%～0.04%，和0.04%～0.09%的人为可控的两档水平，远低于磁体中C、N等其他杂质含量，氧对磁体性能已无大影响。该生产线的水平为国际领先。在国内外的业界，无氧工艺被认为是一个理想的生产工艺，但在大规模的工厂内难以实现，氧含量很难降至0.05%以下。但我们实现了。正海全自动无氧工艺生产线的建成，表明我们有能力解决重大技术难题，中国的NdFeB工业已不再是技不如人，而是技优于人。正海无氧线的建成推动中国NdFeB工业向前跨进5～10年。

本人曾经获国家科技进步奖一等奖一项，国家发明奖三等奖一项，国家“七五”重大科技攻关项目优秀成果奖及优秀个人。被授予有突出贡献的中青年专家，享受国务院颁发的政府津贴。曾被推选为第八届和第九届全国人大代表，包头市九三学社副主委。

《$SmCo_5$合金共析分解问题》的论文获内蒙古自治区自然科学优秀论文一等奖。《高使用温度低温度系数NdFeB磁体的研究》获内蒙古自治区自然科学优秀论文二等奖。

高使用温度低温度系数NdFeB磁体及其生产方法的专利获国家发明专利权。

含微量氧的NdFeB磁体及其生产方法的专利获国家发明专利权。